美女是怎样炼成的

做个灵魂有香气的女子

李丹丹　李姗姗　编著

民主与建设出版社
·北京·

图书在版编目（ＣＩＰ）数据

做个灵魂有香气的女子 / 李丹丹, 李姗姗编著. --
北京：民主与建设出版社, 2020.4

（美女是怎样炼成的；4）

ISBN 978-7-5139-2858-8

Ⅰ.①做… Ⅱ.①李… ②李… Ⅲ.①女性—修养—
通俗读物 Ⅳ.①B825.5-49

中国版本图书馆CIP数据核字(2020)第064379号

做个灵魂有香气的女子
ZUO GE LING HUN YOU XIANG QI DE NV ZI

出 版 人	李声笑	
编　　著	李丹丹　李姗姗	
责任编辑	刘树民	
封面设计	大华文苑	
出版发行	民主与建设出版社有限责任公司	
电　　话	（010）59417747　59419778	
社　　址	北京市海淀区西三环中路10号望海楼E座7层	
邮　　编	100142	
印　　刷	三河市德利印刷有限公司	
版　　次	2020年5月第1版	
印　　次	2020年5月第1次印刷	
开　　本	880毫米×1230毫米　　1/32	
印　　张	5	
字　　数	125千字	
书　　号	ISBN 978-7-5139-2858-8	
定　　价	238.00元（全10册）	

注：如有印、装质量问题，请与出版社联系。

　　提起美女，我们的眼前就会出现容貌娇美、身材玲珑、笑容甜美的青春女子形象。她们就像春天的花朵，点缀着人生的美景；她们又像夏天的树荫，带给人们清凉和宁静；她们还像是秋天的果实，带给人们幸福和欢乐；她们更像冬天的暖阳，带给人们温馨和喜悦。

　　美女的一切都是令人愉悦的，她们柔美、温顺、恬静；她们漂亮、高贵、潇洒，她们是人间的天使，她们是万众的偶像。她们飘然前行于人们仰慕的目光里，她们优雅嬉戏于无限春光中。

　　她们中的很多人大把挥霍着自己的美貌和青春，却单单忘记了一件事，那就是韶华易老，青春易失，人生美好的年华只有短短的数年，待到岁月流逝，光华褪尽，一切都成为过眼烟云，她们只会留下人老珠黄的慨叹和无可奈何的哀鸣，以及被忙碌奔波生活磨光所有光彩的衰老躯体。

　　而另一种人，她们或许并不美丽，但却有独特的气质；不一定炫目，但一定让人感觉很舒服；她的智商不一非常高，但却有很高的情商，足以让她在生活、工作中游刃有余；她的生活中也有烦恼，但一定可以凭自己的智慧去化解。这样的一个女人，虽然没有过人的容貌，但却能凭借内在的气质，使美丽永驻。

　　修炼你的气质，沉淀你的内心，当气质美渗入你的骨髓，纵使岁月无情，你依然能凭着那份灵动、睿智、从容、淡定的气质成为最有魅力的那道风景。那么，女孩到底应该如何提升自己的气质，做个魅力美人呢？

本书就是专门为女孩准备的练就永恒美丽的智慧丛书，包括《生活需要仪式感》《优雅的女人最幸福》《动脑大于动感情》《气质女人的芬芳生活》《金刚芭比：做个又忙又美的女子》》《美女当自强》《做个性格完美的女孩》《做个灵魂有香气的女子》《生活需要你勇敢坚强》《把生活过成你想要的样子》10本。它从女孩的学习、工作、生活、习惯等细节入手，用优美的语言，生动的事例深入浅出地讲述了一个女孩应该如何通过修养自己，完善自己，最终使自己变成有内涵、有价值的魅力女性的人生道理，是一套值得每个女孩学习和收藏的珍品书籍。相信通过本套书的学习，一定会对大家迈向积极的人生之路起到极大的指导作用和推动作用。

第一章
谈吐显优雅，话语动人心

  谈吐的优雅，显示出一个人的素养，而语言则是连接人与人之间的纽带。纽带质量的好坏，直接决定了人际关系的和谐与否，进而会影响到事业的发展以及人生的幸福

  有些女人是天生的社交高手，这不是因为她们拥有倾城的外貌，而是因为她们无论在任何场合，都是谈吐得当，都能口吐莲花，妙语连珠，博得满堂彩。

谈吐动人，让女人更添魅力

女人若拥有优雅动人的谈吐，不仅可以令异性顿生仰慕之情，同时也会令同性嫉妒。

语言是人际交往的工具，是人们表达意愿、思想感情的媒介和符号。语言也是一个人道德情操、文化素养的反映。女人在与他人交往中，如果能做到读书破万卷，出口就一定会妙语连珠。

许多女人和朋友们在一起，或者与陌生人交谈，常常会觉得无话可说，于是就抱怨、哀叹自己天生没有一副好口才，或者埋怨自己太胆小。其实，好口才并不是天生的，也不是说胆子足够大就可以，好口才是要有足够底蕴作为基础的。

一个目不识丁的女人是很难做到口吐莲花的。好口才是要建立在深厚学识基础之上的，言之有物，才能够谈吐文雅。说话本身是用来向人传递思想感情的，当然说话时的神态、表情都很重要。如果脱离了这个根本，那么言谈就会成为无源之水、无本之木，淡而无味，根本不可能打动别人。

有这么一个故事：

一位美国主妇发现自己的老公经常在家里夸奖他的女助手，她心里有些怀疑。于是开始每天描眉画眼，梳妆打扮，甚至不惜花了一大笔钱去美容院做了整容手术。做完整容手术后的她看上去似乎年轻了10岁，谁知她老公对她的变化却视若无睹，仍旧每天大谈特谈他的那位女助手。

妻子沉不住气了，开始试探着打听女助手的背景。老公于是邀请妻子一同去探望那位助手。一见之下，妻子大为吃惊，女助手既不年轻也不漂亮，而是一位头发已经花白、身材已经发福的普通妇人，但她的言谈举止中分明透露出她的聪慧、自信、乐观和机智，周围的人无不受到她的感染，甚至这位妻子也抵抗不了她的魅力，十分急切地想和她交个朋友。后来，这位妻子终于明白了，言谈举止的美赋予一个女人的魅力是无可比拟的。

好谈吐的魅力就是如此神奇，它可以掩盖女人先天的缺憾，甚至让人完全忘掉先天或大自然的风霜所留下的不足。

说话是一门大学问，会说话的人一句话能够把人说笑，不会说话的人一句话能够把人说跳。缜密的思维，幽默机智的应答，准确的表达，这一切无疑都来源于头脑中的广博知识。

女人要想口吐莲花，妙语连珠，倾倒众人，就必须培养自己那令人愉悦的谈吐。具体来讲，应该从以下几个方面多下功夫：

第一，声音要温婉柔美。温柔的声音是人类最美妙、最动听的声音。古人云："有理不在声高。"也说明大嗓门往往是不被人喜欢的。在生活中，凶悍的、高调的声音不可能是美的，它往往给人留下极其恶劣的形象。在墨西哥，电视剧里的女性不仅外表可人，穿衣打扮十分讲究，就连嗓音也是十分低沉柔美。有教养的女性是从不高声说话的，电影电视里的魅力女人也很少出现泼妇式吵闹，为了保持温柔的形象，很多女演员都做了声带手术，就为了避免出现声嘶力竭的高调。

第二，说话要文雅得体。女人文雅的谈吐，是女人聪明、有教养、有才智的体现。一个美丽的女人，讲出满口粗俗的话，一定令人失望。一个既不美丽又满口脏话的女人，到哪里都会令人反感。要想拥有优雅得体的言谈，就要注意说话的语速、语气、语调。说话时要注意场合，切忌在公众场合高谈阔论，手舞足蹈。讲话时可以适当地使用肢体语言，但是过多的动作就会适得其反。

第三，饱含温情感性。有感情的声音如一缕阳光，感动男人们的情怀。饱含温情的声音，如一缕春风，温暖男人们的胸怀。发挥女人与生俱来柔情似水的天性，去制造声音抑扬顿挫、欲言又止的磁场，在磁场里，女人的感性将成为一个被关注的焦点，产生强大的磁力。

第四，努力做到伶俐敏捷。女人说话一般不宜咄咄逼人，不宜与他人口枪舌战，但是并不意味着女人就应该忍气吞声，没有反驳与辩解的权利。女人发挥才思敏捷的本事，说话有条不紊，有胆量、有胆识地应答如流，到哪里都受欢迎。

第五，注重文明礼貌。谈吐美，往往还表现在用语礼貌、文明上，让人感受到你是一个文明的、有教养的人。如果你的话语中透着真诚、亲切，多么沙哑的声音也会变得悦耳。

谈吐是女性风度、气质和美的组成部分。谈吐不仅指言谈的内容，也包括言谈的方式、姿态、表情、语速及声调等。女人优雅的谈吐是学问、修养、聪明、才智的流露，是魅力的来源之一。

与人交谈，既有思想的交流，又有感情上的沟通。任何语言贫乏、枯燥无味、粗俗浅薄，都会使人感到厌恶。如果女人的谈吐既有知识、趣味，又不失幽默，并能用丰富的表情和磁性的声音来表达，那将会令听者倾倒。

让微笑，成为你最美的标志

人在什么时候最有魅力呢？在微笑的时候。一个热爱生活的人，一个积极向上的人，微笑是他显露最多的表情。正如山德士的打扮是肯德基独一无二的注册商标，人们一看到他的标志，就会自然想起肯德基。为此，山德士说过："我的微笑就是最好的商标。"

彼得·泰格是一位著名的演说家和交流高手，他曾经说过："就连最懒惰的人，也懂得微笑。因为他知道，微笑比皱眉牵动的肌肉要少得多。"在人际交往中，微笑是最美丽也最容易的表情。所以，应该让微笑成为一种习惯，不要让死板严肃的表情成为你成功道路上的障碍。

微笑，蕴含着丰富的含义，传递着动人的情感。怪不得有位哲人曾说：微笑是人类最美的表情。在人际交往中，我们需要微笑。微笑是一种令人愉快的表情，表达一种热情而积极的处世态度。

对于一个人来说，真正的风度并不仅仅全部表现在穿着打扮、言行举止上。有的人尽管一身名牌，但是他职业的冷漠、僵硬的表情、伪装牵强的笑容却反而让人反感；有的人尽管一介布衣，但是他流露出源自真实心灵的笑容，你反而觉得他有亲和力和风度。

人类与其他生物的区别之一就是人类之间有复杂的感情，而微笑则是感情表达最直接的方式之一。微笑意味着友好和赞赏，能给双方都带来愉悦。

甚至在抱怨批评的时候，你如果也能微笑着，就会使对方感觉到温馨和诚恳。对他人笑脸相迎，他人也必定给你相应的回报，每天看到的都是笑脸，怎么会没有好心情！

陌生的人如果微笑以对，会使你们更好地融洽起来。人类社会每天进行着许多的社会活动，其中大部分是人与人的接触交流，如果每个人都能使用好微笑，那么人与人之间的交流就会变得更美好轻松。

　　小张的对门搬过来一个漂亮的姑娘，每天上楼，小张都会碰上她。小张是个很外向的人，很想跟她打招呼，但又怕自讨没趣，在小张的心里，他觉得美女一般都是高傲的。

　　有一天，正好小张下去买烟，下楼时当面遇见姑娘了，这下不打招呼是说不过去了。小张刚下定决心，但一看她板着脸冷冰冰的模样，又犹豫了。思忖半天，小张终于硬着头皮对她微笑着点了点头。

　　没想到，姑娘马上回应了。后来小张才知道，其实她也很想认识自己，只是怕遭拒绝罢了。再后来，小张和姑娘相处得很不错，彼此很庆幸多了个好邻居。

原来，一个微笑就可以拉近两颗心的距离。笑容就是你最好的名片。微笑表达的意思就是：我喜欢你，我很高兴见到你，你让我开心。你的笑容就是你最美的标志。你的笑容能够照亮所有看到它的人。笑容使你显得高贵自信、大方热情、值得信赖，让人觉得和你交流是愉快的，你对他是尊重的。

在求别人帮忙时当然一定要微笑，谁也不喜欢绷着老脸的人来求这求那的。这个微笑是在告诉别人你的友情，告诉你对他的信任；向别人道歉时也一定要微笑，这个微笑是要表明你的友好，表明你的真诚。

微笑自然也有许多要领。之所以叫作微笑，就是说明它在量和度上都同大笑、爆笑、狂笑有很大不同。该微笑时一定不要笑的很大声，嘴自然也不能张的很大。不露齿白，才恰到好处。而且尤为重要的是微笑的度量一定要把握得很好，否则善意的微笑就可能变成嘲笑。

如果你花很多钱买了许多珠宝服饰，只是为了使人对你友好，或者使自己更迷人，那还不如微笑有用。因为微笑更能赢得他人的友好，也是最迷人的表情，但它不花你一分钱！从这个方面说，真诚的微笑价值一百万美元。所以，从现在开始，马上去做，以微笑来招呼你的朋友，以微笑来面对你的人生。

恰当语气，让交流更顺利

语气在和别人谈话中有着重要的作用，有的人说话对方容易接受、愿意接受，有的人说话对方就不容易接受、不愿意接受或者很难接受。这其中的原因，大多是由于语气的不同造成的。

一句同样的话，如果用不同的语气来说，就会起到不同的，甚至相反的效果。例如"对不起"这三个字，如果用真挚的语气说出来，那就是满怀着对对方的一腔歉意。如果用漫不经心的语气说出来，那就是另外的一种情景了。所以，一定要注意自己在说话时的语气。这也是魅力女人应该注意的问题。"千里之堤，溃于蚁穴"，不能让说话时的语气，牵绊住聪明女人的脚步。

语气是一个人内心态度的晴雨表，这句话在不少人的经历中，一定是深有体会的。

女人是感性的，很容易被外界的环境或者自身的情绪所影响。与人谈话、聊天时，如果高兴还好，毕竟可以让他人体会到欢乐的气氛。那如果是不耐烦、悲伤或者是愤怒的情感呢？试想，谁愿意跟一个"悲从话来"的女人谈话呢？那岂不是一天的好心情都要被破坏了吗？

事有轻、重、缓、急，语气有抑、扬、顿、挫。只有把握了说话语气的分寸，才能使说出的话被对方充分地接受和理解，才能收到说话的预期效果。当然，说话的语气运用要分对象，分场合，分时间。不同的情况下，要运用不同的语气，这其中的分寸，就需要说话者自己灵活掌握了。

那么怎样才能够做到恰到好处地使用语言呢？可以从以下几个方面入手：

首先，要因人而异。驾驭语气最重要的一条是语气因人而异。语气能够影响听者的情绪和精神状态。语气适用于听者，才能同向引发，用喜悦的语气就会引发对方的喜悦之情，用愤怒的语气就会引发对方的愤怒之意；语气不适用于听者，则会异向引发，如生硬的语气会引发对方的不悦之感，埋怨的语气会引发对方的满腹牢骚，等等。

其次，要因地而异。把握说话的语气要注意说话的场合，这是十分必要的。一般来说，场面越大，越要注意适当提高声音，放慢语流速度，把握语势上扬的幅度，以突出重点。相反，场面越小，越要注意适当降低声音。适当紧凑词语密度，并把握语势的下降趋势，追求自然。

最后，要因时而异。同样的一句话，在不同的时候说，效果往往会大相径庭。捉住时机，恰到好处，运用适当的语气才能够产生正确的效果。

法官宋鱼水在调解中就发挥出了这个语气的作用。有一次，宋鱼水接手了一件商业侵权案。两同学王某和张某合作开办企业。经过两人的共同努力，企业发展前景很好。但张某对利益分配不满意，离开了原公司，自己单干，产品却和原公司的相同。

原公司老总王某认为张某侵犯了自己的商业秘密，而且张某在原公司时还有利用职务之便侵占公司财物的嫌疑，于是王某便向公安部门举报了张某。张某遂被刑事拘留。

经审查，检察机关认为张某不构成刑事犯罪，对他作出不予起诉决定。张某这时已在看守所里关押了半年。出来后，张某上法庭应诉，看见王某，不顾法庭秩序，大骂王某，可谓"仇人相见，分外眼红"。王某也不甘示弱，恶语相向。

宋法官找原告王某谈话多次，从分析他与张某合作的过程，指出他们之间存在的法律意识不够、合作合同不完善、管理不到位等问题，指出双方都存在过错，指出合作的光明前景。直到写好判决书后，还又做了多次调解，最后才调解成功。

宋法官在调解的过程中，语气有张有弛，切实为双方着想，令这次的调解圆满结束。就是这样两个水火不相容的人，宋鱼水竟能调解成功，让双方和好如初，并重新携手合作，两公司并成一家。

人们打官司或缠讼不息，很多时候就是为了一口气，有句俗话"不蒸馒头争口气"。如果法官能恰到好处地使当事人消掉这口气，就可以化干戈为玉帛。可要做到这"恰到好处"何其难呀！

宋庭长倾听当事人的发言，不单是尊重当事人，其中也分析当事人心理，找出当事人存在心理疙瘩的症结，运用娴熟的说话技巧，对症下药，让当事人服法服理服气。

还有一个出众的人物，奥巴马。他天生的个人魅力尤其是演讲和鼓动能力，简直就是为美国式的竞选制度而生。

在现场听过奥巴马演讲的人都表示，奥巴马身上有一种难以描述的亲和力。一位华人在他的博客里这样描述奥巴马的演说："他的演说富有节奏感，味道十足，语气恰到好处，几乎有一种催眠和传教的功能，让人如痴如醉，欲罢不能……"

在奥巴马的演说现场，经常发生这样的情景：年轻人像参加摇滚音乐会那样聚集在舞台前面，忘情地跟他呼喊口号，不时有人因兴奋过度而在台前昏倒。

女人，作为社会这个大家庭中的一员，要学会控制自己的语气，不能跟着自己的感觉走。作为一个魅力女人，就更要把握自己的语气，使之达到恰到好处。这样在谈话中，才能发挥出自身的魅力，使别人乐意与自己交流，敞开心扉，才能发掘出有价值、有意义的信息，为自己的成功保驾护航。

恰到好处的语气，使人如坐春风，会使人情不自禁地接受你，并接受你的意见。尤其是在与陌生人的谈话中，由于双方都不熟悉，会怀着一种防备心理来接触，如果不能打消这种敌视的态度，那么这次谈话就是失败的，甚至与这个人的交往都会失败。

聪明的女人一定会在谈话结束前，将自己尽善尽美的语气表露出来，为这次谈话画上一个完美句号，为以后的交往和联系铺就一条康庄大道。恰到好处的语气不是一蹴而就的，而是经过经验和不懈的努力得来的。聪明的女人们，从现在就开始努力积攒经验吧。

一开口，便让人难以忘怀

一个人只要能把一件事说得很清楚，他也就能把许多事都说得清楚深刻。

说话是一门艺术，不同的人说话，表达效果会大相径庭。有的人虽然喋喋不休，口若悬河，但由于是老生常谈，不能给人留下什么印象。

而有的人却能游刃有余地运用语言的魔棒，或一语中的、或长篇大论、或机智幽默、或生动形象。后者调动了语言最积极的因素，发挥了语言最突出的表达功能，一开口，便让人难以忘怀。

上面我们所说的都是一些技巧性的东西，实际上仅靠技巧是不可能留给人们深刻印象的，能给人深刻印象的，最重要的当是你的语言中有比较深刻的思想，有超人的见解。

有了不同凡俗的真知灼见，才能够真正给人留下深刻印象。西方哲学家曾说过："驴子宁吃豌豆，也不要黄金。"这句话阐明了一个深刻的哲理，黄金无法饱腹。由于深刻所以感人，几乎成了传世格言。那么，女性怎样说才能取得既令人清楚又烙印深刻的效果呢？

第一，简明扼要，直奔主题。说话亦如此，话不在多，简要则明；语不求华丽，通俗直接就行。简明，是用最少的话语表现最明确的意思；直奔主题，是直奔目的，直达目标，不转弯抹角。话少内容多，则能让人觉得你的话很充实；直奔主题，则能让人一听就明白。言少意多，让人感到你没有废话；从接受的角度来看，听话人一般厌恶空话大话，而对能简明扼要表达自己的意思，清楚直接表达自己意见的话语却易于接受，乐于接受。

第二，巧比妙说，生动形象。有人说话之所以能给人留下深刻印象，就是因为他们善于运用比喻。比喻的特点是生动形象，语言如果能比较形象地表达思想，自然能给人留下深刻印象。一些学者文人的如珠妙语，有很多都是通过运用比喻实现的。

　　有学生问芝诺说："老师，你的学问那么渊博，为什么还那样谦虚？"芝诺回答说："知识就好像一个圆，已知的在圆内，未知的在圆外，知道得越多，这个圆越大，圆越大，未知的就越多。"

这些话之所以能给人留下深刻印象，就是因为说话人能巧比妙说，能用十分生动形象的语言表达自己的思想，因而才取得了良好的表达效果。

第三，明朗、低沉和愉快的语调最吸引人。所以语调偏高的人，应设法练习变为低调，才能说出迷人的感性声音。

第四，发音清晰，层次分明。发音要标准，字句之间要层次分明。改正咬字不准的缺点，最好的方法就是大声地朗诵，久而久之就会有效果。

第五，说话的语速要视情况时快时慢，恰如其分。遇到随和的场面，语速可以加快，如果碰上正式的场面，则相应语速要放慢。

第六，音量的大小要适中。音量太大会造成太大的压迫感，使人反感；音量太小，则显得你信心不足，说服力不强。

第七，配合脸部表情和肢体语言。要懂得在恰当的时候，配上恰当的表情和动作。

第八，措辞文雅，显得富有修养和文采。

第九，自我解嘲，幽默风趣。有哲人说过，认识自己的可笑其实是一种智慧。因为自我解嘲往往是把自己的短处、缺失由自己展示并加以夸大和突出，通过这种展露表现出你有与众不同的智慧和坦荡广阔的襟怀。

口才是金，让陌生人成朋友

一见如故，这是成功交际的理想境界。一个女性，如果具有跟大多数初交者一见如故的能耐，她就会朋友遍天下，做事就会左右逢源；反之，如果缺乏跟初交者打交道的勇气，不善于跟陌生人交谈，就会在交际中处处受阻，事业也就难以成功。

如今的社会，竞争激烈、残酷。对大多数女性来说，交际面越来越广，跟初交者一见如故的交际才能越来越显出其重要性。因此，魅力女人应该运用自己的说话技巧，打开隔膜，使得原来陌生的人与你相谈甚欢，最后让他们也能够成为你的朋友。

中国古代先哲孔夫子曾说"三人行，必有我师"，这是说在普通的人中就可以找到老师，其实又何尝不是"三人行，必有我友"呢！

现代的人，已经不是一辈子都会在一个地方待上一辈子了，因而也就增加了接触陌生人的概率。俗话说得好"朋友多了好办事"。既然有大量的机会认识陌生人，与陌生人交朋友，为什么不珍惜呢？当然，与陌生人交朋友也不是那么容易的事情。谁对谁都是一无所知，谈何交友呢？聪明的女人就要发挥口才的力量了。

与陌生人谈话是口语交际中的一大难关，处理得好，可以一见如故，相见恨晚。处理得不好，可能导致四目相对，局促无言。这就需要我们掌握一些交流的方法了。

第一，掌握谈话的技巧是关键。同陌生人交谈首先要解决好的问题便是尽快熟悉对方，消除陌生。你可以先行自我介绍，再去请教他的姓名职业，然后试探性地引出彼此都感兴趣的话题。

如果你没有向对方先谈你自己的情况就开口向他问这问那，一般情况下，他可能并不乐意回答你的问题。你在哪方面谈了自己的情况，对方多半也乐意就这方面谈他的情况。

你还可以设法在短时间里，通过敏锐的观察初步地了解他，他的发型，他的服饰，他的领带，他的烟盒、打火机，他随身带的提包，他说话时的声调及他的眼神等，都可以给你提供了解他的线索。

　　在同陌生人交谈时，要特别表现对他的职业、性格、爱好的兴趣。在对方谈话过程中，不时地插入一两个小问题，或由衷地表示你的赞叹、感慨："啊，这太有意思了。""真想不到，会是这样的吗？"让对方觉得你很愿意听他的谈话，并因此在第一次谈话时就把你看成他的知己。

　　第一次交谈，你如果表现出对对方的不感兴趣，神情冷漠，一言不发，他讲话时，你心不在焉，甚至连看也不看他一眼，他立刻会认为，你是一个骄傲无礼的人，他把你对他的冷落看成一种侮辱而可能在心底里永远恨你。

　　第一次同人谈话，要绝对避免同别人在任何问题上争执。不管是由于你，还是由于对方，只要引起争执，那就等于宣告谈话的失败，而且也可能就此宣告了你同他今后再也谈不到一起了。

　　第二，寻找彼此的共同点。且看在火车的卧铺车厢里上演的一场生活剧：

　　　　有一个先来的乘客已经悠闲地躺在床上看着书，一个晚到的乘客，放好旅行包，去开水间冲了一杯浓茶，边品边问那位先来者："师傅到哪里下呀？"

　　　　"终点站。"

　　　　"听口音不是苏北人啊？"

　　　　"噢，山东枣庄人！"

　　　　"啊，枣庄是个好地方啊！我在读小学时就在《铁道游击队》连环画上知道了。三年前去了一趟枣庄，还颇有兴致地玩了一遭呢。"

　　听了这话，那位枣庄旅客马上来了兴趣，二人从枣庄和《铁道游击队》谈开了，那亲热，不知底细的人恐怕要以为他们是一道来的呢！

　　接着两人就是互赠名片，一起进餐，睡觉前双方居然还在各自身边带来的合同上签了字：枣庄客人订了苏南旅客造革厂的一批皮革制品；苏南客人从枣庄客人那里弄到一批价格比较合理的议价煤。

　　他们的相识、交谈与成功，就在于他们找到了对"枣庄"，《铁道游击队》、熟悉的这个共同点。那么，怎样才能找到自己同陌生人的共同点呢？

　　一是察言观色，寻找共同点。一个人的心理状态，精神追求，生活爱好等，都或多或少地要在他们的表情、服饰、谈吐、举止等方面有所表现，只要你善于观察，就会发现你们的共同点。

　　当然，这察言观色发现的东西，还要同自己的情趣爱好相结合，自己对此也有兴趣，打破沉寂的气氛才有可能。否则，即使发现了共同点，也还会无话可讲，或讲一两句就"卡壳"。

　　二是以话试探，侦察共同点。两陌生人见面，为了打破这沉默的局面，开口讲话是首要的，有人以招呼开场，询问对方籍贯，身份，从中获取信息；有人通过听说话口音，言辞，侦察对方情况；有的以动作开场，边帮对方做某些急需帮助的事，边以话试探；有的甚至借火吸烟，也可以发现对方特点，找开口交际的局面。

　　三是听人介绍，猜度共同点。你去朋友家串门，遇到有生人在座，作为对于两者都很熟悉的主人，会马上出面为双方介绍，说明双方与主人的关系，各自的身份，工作单位，甚至个性特点，爱好等，细心人从介绍中马上就可发现对方与自己有什么共同之处。这当中重要的是在听介绍时要仔细地分析认识对方，发现共同点后再在交谈中延伸，不断地发现新的共同关心的话题。

四是揣摩谈话，探索共同点。为了发现陌生人同自己的共同点，可以在需要交际的人同别人谈话时留心分析，揣摩，也可以在对方和自己交谈时揣摩对方的话语，从中发现共同点，使陌生的路人变为熟人，发展成为朋友。

五是步步深入，挖掘共同点。发现共同点是不太难的，但这只是谈话的初级阶段所需要的。随着交谈内容的深入，共同点会越来越多。为了使交谈更有益于对方，必须一步步地挖掘深一层的共同点，才能如愿以偿。

寻找共同点的方法还有很多，譬如面临的共同的生活环境，共同的工作任务，共同的行路方向，共同的生活习惯等。只要仔细观察，与陌生人无话可讲的局面是不难打破的。

其实，只要在接触中，用真诚的说话态度去沟通，那么我们就能够得到陌生人真诚的友情。

像成功者一样吧，主动与人相识。不要害怕开口，不要担心别人取笑你。多为自己的朋友阵容增添成员吧！

学会赞美，让你赢得好感

从心理学角度看，赞美是一种很有效的交际技巧，它有效地缩短了人与人之间的心理距离。现实生活中，有许多女人不习惯赞美他人，从而使自己的生活缺乏很多美好愉快的情绪体验。

美国著名心理学家威廉·詹姆士说过："人类本性上最深的企图之一是期望被赞美、钦佩、尊重。"可见被赞美是人内心深处的一种基本愿望。在日常生活中，应该去发现、去寻找别人值得称赞的地方，并设法真诚地告知他，这样能够给他的平凡生活带来阳光与欢乐，使生活更加精彩。

鼓励、赞赏和肯定，可以使一个人的潜能得到最大程度地发挥。上司对下属、父母对子女，不必期望太高，看到对方的每一点进步，应及时予以鼓励和肯定，每次小小的进步都会使他们增添几分成就感，激励着他们向前冲刺。

丽云在儿子8岁的时候，给他买了一架钢琴，但是儿子太顽皮好动，不好好学习弹钢琴，丽云常常为此训斥儿子，然而一点也不起作用。于是，丽云便开始想办法让儿子喜欢弹钢琴。

有一天下午，当儿子为了应付母亲，随便弹一段曲子之后正要溜时，丽云叫住他说："儿子呀，你弹的是什么曲子，怎么这样好听，妈妈从来没有听到过这么美妙的音乐，你再给妈妈弹一遍吧。"儿子听了非常高兴，愉快地又弹了一遍。

接着，丽云又鼓励他弹了一些其他曲子，并告诉儿子自己喜欢听他弹的曲子，问他可不可以每天都弹一些，儿子很高兴地就答应了下来。最后，只用了一个多月，便培养起了儿子弹钢琴的兴趣。而今，每天放学回家，丽云的儿子第一件事就是要弹钢琴，天天如此，丽云为此颇为自豪。

真诚赞美别人其实也是自己进步的开端。只有当自己抱着开朗、乐观的态度面对生活时，才能被别人的优点和长处所吸引。

只有当心胸开阔，对人对己有足够信心的时候，才能由衷地赞美别人，才能和谐地与人相处共事，使生活道路上少一些荆棘，多一些鲜花。赞美是人际交往的"润滑剂"，它可以消除人与人之间的怨恨。

因此，想成为一名受欢迎的女人，你一定要学会赞美。因为每个人的成长、成功，都需要赞美。在职场中，赞美就是给员工机会锻炼以及证明自己的实力。

在员工每一天的工作、生活中，一个温暖的言行、一束期待的目光、一句激励的评语，都会极大地激发员工的上进心，甚至可能会改变一个员工对工作、对人生的态度。在社会交往中，赞美使你迅速获得好感，为下一步的交流打下良好的基础。

赞美有时候没有必要刻意修饰，只要源于生活、发自内心、真情流露，就会有效。但要更好地发挥赞美的效果，则需要注意以下几点：

第一，恰如其分。当你准备要赞美时，首先要掂量一下：这种赞美，对方听了是否会相信，第三者听了是否会不以为然，一旦出现异议，你有无足够的理由证明自己的赞美是有根据的。所以，要当心，赞美只能在事实的基础上进行，不可浮夸。赞美的措词要恰当。

比如，如果你是一名教师，你这样赞美学生："你们都是好孩子，活泼、可爱、学习认真，做你们的老师，我很高兴。"这话很有分寸，使学生们既努力学习，又不会骄傲。但如果你说："你们都很聪明，将来会大有出息，比其他班的同学强多了。"这样就会使学生们傲气，造成不良影响。

第二，具体、深入、细致。抽象的东西往往难以给人留下深刻印象。若称赞一个初次见面的人说："你给我们的感觉真好。"这句话一点作用都没有，说完便过去了，不能给人留下任何印象。

但是，倘若你称赞某个好推销员，可以说："小李有一点非常难得，就是无论给他多少货，只要他肯接，就绝不会延期。"挖掘对方不太显著的、处在萌芽状态的优点，发掘对方的潜质，增强对方的价值感，这样，赞美起的作用会更大。

第三，充满热情。漫不经心地对对方说上一千句赞扬的话，等于白说。缺乏热忱的空洞的称赞，不能使对方高兴，有时还可能由于你的敷衍而引起反感和不满。"嗯，你这条围巾挺漂亮的。"谁都明白这是一种敷衍。若具体地说："这条围巾挺漂亮的，和你衣服的颜色搭配起来很协调。"这样就比空洞的赞扬有吸引力一些。

第四，不忘鼓励。鼓励能让人树立起自信心，自信是成功的一半。用赞美来鼓励对方，能达到事半功倍的效果，尤其在"第一次"。干任何事情，都有开头，有第一次，如果对方第一次干得不怎么好，你也应该真诚地赞美一番："第一次有这样的成绩已经不容易了。"对第一次唱歌的人、第一次写文章的人，赞扬是对他们最好的帮助，将给我们留下深刻的印象。

第五，掌握适度。过度的恭维，空洞的奉承，或者恭维、奉承频率过高，都会令对方感到难以接受，甚至感到肉麻，令人讨厌，结果适得其反。适度因人、因时、因事、因地而异，需要不断摸索积累，掌握好这个"度"，你的赞美才会令对方感到认同和欣慰。

委婉说话，让你的语言有魔力

直爽的女人虽然坦率真诚，但却少了点韵味和风情，女人学会了委婉，才是有女人味的女人。

英国思想家培根说过："交谈时的含蓄与得体，比口若悬河更可贵。"在言谈中，有驾驭语言功力的人，会自如地运用多种表达方式。委婉含蓄比直截了当说话表达效果会更佳，但也更需要多动脑筋，它是一种语言修养，也是一个人智慧的表现。

有一次居里夫人过生日，丈夫彼埃尔用一年的积蓄买了一件名贵的大衣，作为生日礼物送给爱妻。当她看到丈夫手中的大衣时，爱怨交集，她既感激丈夫对自己的爱，又要说不该买这样贵重的礼物，因为那时试验正缺款。

她婉言道："亲爱的，谢谢你！谢谢你！这件大衣确实是谁见了都会喜爱的，但是我要说，幸福是来自内在的。比如说，你送我一束鲜花祝贺生日，对我们来说就好得多。只要我们永远一起生活、战斗，这比你送我任何贵重礼物都要珍贵。"

这一席话使丈夫认识到花那么多钱买礼物确欠妥当。

委婉是一种既温和婉转又能清晰明确地表达思想的谈话艺术。它的显著特点是"言在此而意在彼",能够诱导对方去领会你的话,去寻找那言外之意。

从心理学的角度来看,委婉含蓄的话不论是提出自己的看法还是向对方劝说,都能比较适应对方心理上的自尊感,使对方容易赞同、接受你的说法。

意大利知名女记者奥里亚娜·法拉奇以其对采访对象挑战性的提问和尖锐、泼辣的言辞而著称于新闻界,有人将她这种风格独特、富有进攻性的采访方式称为"海盗式"的采访。很少有人知道,迂回曲折的提问方式也是奥里亚娜取胜的法宝之一。

在采访南越总理阮文绍时,法拉奇想获取他对外界评论他"是南越最腐败的人"的意见。若直接提问,阮文绍肯定会矢口否认。于是,奥里亚娜将这个问题分解为两个有内在联系的小问题,曲折地达到了采访目的。

她先问:"您出身十分贫穷,对吗?"阮文绍听后,动情地描述小时候他家庭的艰难处境。得到关于上面问题的肯定回答后,法拉奇接着问:"今天,您富裕至极.在瑞士、伦敦、巴黎和澳大利亚都有银行存款和住房,对吗?"

阮文绍当然对此予以了否认,而且为了洗清这一"传言",他不得不详细地道出他的"少许家产"。阮文绍是如人所言那般富裕、腐败,还是如他所言并不奢华,已昭然若揭,读者自然也会从他所罗列的财产"清单"中得出自己的判断。

当记者的人,大概是最善于迂回、委婉的,女人们大可学习学习。委婉的方法一般分为讳饰式、借用式和曲语式三种类型。

第一，讳饰式委婉法：是用委婉的词语表示不便直说或使人感到难堪的方法。

作家冯骥才在美国访问时，一个美国朋友带儿子去看望他。说话间，那孩子爬上冯老有些摇晃的床铺，站在上面拼命蹦跳。这时，冯老如果直接喊孩子下来，势必会使其父产生歉意，也让人觉得自己不够热情。

于是，冯老笑着对朋友说："请您的孩子到地球上来吧。"那位朋友没有对孩子进行指责，而是顺着冯老的思路，同样不失幽默地回答道："好，我和孩子商量商量！"

冯老的话使本来也许是困难的批评，变得顺利起来，而且创设了比较融洽的氛围。委婉，能够在不"伤人"的境况下展开温馨的批评。

第二，借用式委婉法：是指借用一事物或其他事物的特征来代替对事物实质性问题直接回答的方法。

在纽约国际笔会第48届年会上，有人问中国代表陆文夫："陆先生，你对性文学怎么看？"

陆文夫说："西方朋友接受一盒礼品时，往往当着别人的面就打开来看。而中国人恰恰相反，一般都要等客人离开以后才打开盒子。"

陆文夫用一个生动的借喻，对一个敏感棘手的难题委婉地表明了自己的观点：中西不同的文化差异也体现在文学作品的民族性上。陆文夫实际上是对问者的一种委婉的拒绝，其效果是使问者不感到难堪，同时使交往继续进行下去。

第三，曲语式委婉法：是用曲折含蓄的语言、商洽的语气表达自己看法的方法。

1937年冬，刚从济南到武汉的老舍先生在冯玉祥将军的图书楼写作，可冯将军刚从德国回来的二女儿却与人在二楼跺脚取暖，打扰了老舍先生的构思。

吃午饭时老舍笑着向冯家二小姐说："弗伐，整整一个上午，你在楼上教倩卿学什么舞啊？一定是从德国学来的新滑稽舞吧？"一句话引得大家一阵大笑，二楼也从此变得静悄悄了。

老舍先生在谈笑间，既没有使对方尴尬，又达到了批评的目的。另外，使用委婉语，必须注意避免晦涩艰深。谈话的目的是要让人听懂，如一味追求奇巧，会使他人丈二和尚摸不着头脑，甚至造成误解，必然影响表达效果。要做到语言含蓄须善于洞悉谈话的情景和宗旨，还要练就随机应变的本领，这样才会使你的语言得心应口，有新意。

把话语，说到别人的心窝里

作为一个女人，要想让自己能多一些朋友，生活多一些色彩，能给别人留下一点印象，让自己的话打动人心，拥有高超的说话能力是必不可少的。

杜甫两句流传十分久远的诗句："感时花溅泪，恨别鸟惊心。"这两句诗之所以流传非常广泛，就是因为能打动人心。所以，至今我们读这两句诗，仍能感到心有所动，让人唏嘘不已。

在我们的人生中，也许必须说很多无用的话、没有感情的话、言之无物的话、浪费唾沫的话，那些话不要说别人听了，自己说出来都会觉得十分乏味。

在许多交际场合，人们听惯了不想听的话，但又不能不听，不能不说。但由于这些话都徒有形式，没有内容，缺乏感情，听得人心烦却又不能不应付。面对大家都在寒暄，都在客套，都在有口无心的时候，如果能别开生面，表达真情，便能打动人心。

　　有一次，老板宴请公司员工。在酒桌上，老板给每个员工敬酒。酒酣耳热之际，许多下属都和老板碰杯，说些恭维话。这些场面话老板听得非常多，根本不可能记住，都是应付一下。酒宴正酣，老板发现员工嘉莉一直沉默不语，也不大喝酒，好像一个人在那里想什么问题。老板怕冷落了这个下属，便端着酒杯走上前说："你今天怎么一言不发，也不喝酒？"

　　嘉莉站起来，也端起酒杯，笑了笑说："不是不想说，而是不愿说，客套太多，真情太少，说了也不多，不说也不少，不是没真情，而是没心情，不是不想说真话，现在不是说真话的场合。"

　　老板听了这几句话，笑了："什么也不要说了，今天先喝了这杯酒，你这话我爱听。"

后来，这个老板和嘉莉成了好朋友。

嘉莉的话，为什么能打动了老板呢？在生意场上，更多的是应酬，是逢场作戏，即使是在宴请下属时，也不过是一种公关活动，是工作上的需要，并不完全出自真情。所以，那样的场合不说不合乎规则，说了自己心里并不舒服。而嘉莉的话一是十分简明地道出了自己沉默的原因，同时也说出了领导的不得不应酬的苦衷。几句话虽然只是道出了实情，但却由于真实地描述了当时两个人的心境，所以一下子打动了老板的心。

有人有这样的本领：与人交谈，一句话就抓住了对方，让对方愿意听乐意说，或者一下子就征服对方，对其产生特别的好感。这是一个很实惠的本领，平时说话，你几句话就能打动人心，迅速形成融洽热烈的交谈局面，让双方谈得很投机，很倾心，就能顺利达到彼此交流的目的。

与人交谈，有时可能"话不投机半句多"。而如果说话投缘，就会"言逢知己千句少"，给交际架起绚丽的彩虹。那么，与人交谈时，如何才能把话说到别人心坎上去呢？选择好话题和真诚是最起码也是最重要的两个方面。

第一，看人选择话题。谁都希望别人关心自己，如果你对准对方选择话题，对方就会倍感兴趣。比如你同恋人初约黄昏后，你就对方的工作、兴趣等展开话题，对方就会敞开心扉，打开话匣子，兴致勃勃地与你海聊神侃起来。

再如你与同事交谈，别过分以"我"为中心。话题跳不开一个

"我"字，对方至多出于礼貌应付几句。如果你谈谈对方职称评定情况、孩子的升学情况、爱人下岗后就业情况，对方一定会有一肚子话被你勾起。

对准对方度越高，你的交谈越能打动对方心灵，为对方所欢迎。为此你要多了解对方，多读点儿心理学，做到一语中靶。

第二、表现你的真诚。真诚总能打动别人的心，把自己的真心捧在手心，别人就会推心置腹地与你畅谈。比如你与陌生人之间本是隔了一层的，你的真诚会让对方怦然心动。那种防备心理就会为之融化。再如与异性交谈，双方存在性别差异，矜持和自重之心很难让人尤其是女性对一个异性过多地敞开心扉。但是谁也拒绝不了真诚之心。真诚代表着一颗冰清玉洁的纯净之心，让人禁不住心荡神驰。

真诚是别人感受得到的。人具有这样的天才，可以表现真诚，让你的真诚更加淋漓尽致，更具有表现力。比如你的表情、眼神、语气、话语本身，都可用以表现真诚。就是说，你不要让真诚自然显露，而要善于表现真诚。

要把话说到别人的心里，需要你有着良好的综合素质、较高的洞悉人际关系的能力、随机应变的急智和巧舌如簧的口才，做到这些绝非一日之功，是需要长期积累和锤炼的。一句话，口才来自生活，升华于实践，要想成为说话高手，还得注意平时的积累和实践。

关心的话，最能打开人心扉

在我们这个竞争日益激烈的年代里，人们更加需要温暖，需要关怀。所以，交流的时候说些关心的话，能温暖一颗心。

其实，这个世界并没有绝对的对或绝对的错，有的只是一个人所站的不同立场。只要你认为对，这个世界就是对的。因此，在生活中，我们要经常站在别人的立场上，为别人着想，关心别人。只有当我们真诚地关注别人时，我们才会获得别人的关注和支持。

"化妆品女皇"玫琳·凯年轻时曾经有过这样的经历：用真诚的关心，为一位想轻生的女孩子带来了光明。

有一天，她在海边看到了一位坐着的女孩子，脸上写满了忧郁与哀愁，还挂着泪痕。玫琳·凯微笑着走上前去，问她："您好，我叫玫琳，能跟你说几句话吗？"

女孩子并不愿意理她，依然在那里感受着落寞。玫琳·凯继续温柔地说："虽然你心情非常糟糕，让你显得有些忧愁，但你依然很美。你有什么伤心痛苦的事情，可以跟我说说吗？"

她想了一会儿，就真的跟玫琳·凯倾诉了起来。当她说得动情时，还流下了眼泪。而玫琳·凯给她的一直是真诚的眼神、用心的倾听和适当地点头。玫琳·凯的聚精会神，让女孩子感觉到了一种关注和理解。最后，女孩子还说，自己今天来海边，就是想结束自己的生命的。因为自己爱上的那个人，事业有成后就把自己抛弃了。

玫琳·凯听了后，不但为她感到唏嘘、忧伤，还气愤地大骂那个男人有眼无珠。最后，她真诚地鼓励女孩："你放心吧，天底下好男人多的是，你一定会找到一位责任心强且很有爱心的男人的。你看你长得多漂亮，连我这样的女人都喜欢，更何况是男人呢。所以，你一定要振作起来。"

最后，女孩用极其感激的语气对玫琳·凯说："从来没有人和我说过这么多话，我感觉自己到今天才算是真正的发现了自己。我现在才相信，活下去会是很美好的。"

是的，能够主宰自己生命的玫琳·凯知道，每个人都希望获得别人的关怀、理解和尊重。大多数时候，一句真诚的赞美，可能只花说出者一分钟时间，但对于听者，可能会影响其一天的心情、一年的心态甚至一生的命运。

所谓温暖的话，是指说话者本着善意说出的关心话，具有使对方爱听、得到安慰、受到鼓舞和激励、不计前嫌、化解疑虑等效果。那么，怎样关心别人，具体说些什么呢？

第一，切合心理，熨帖人心。作为社会生活中的人，一般都有自尊、友善、理解、自我表现等心理需求。说话人无论在什么时候，无论在什么情况下，都要充分考虑对方的这些心理需求，熨帖对方的心。在与他人相处时，你能处处设身处地地为他人着想。

第二，雪中送炭，温暖人心。当他遇到困难和问题时，你能同他一起分析原因，商讨办法，释疑解难。以善意的理解和适当的鼓励为主的温存话语，就是雪中送炭，就能起到温暖人心的作用。

第三，锦上添花，滋润人心。虽然雪中送炭是君子，但锦上添花未必是小人。当对方有喜事降临时，你能及时送他一份真诚的祝福，并与他一起分享快乐和幸福。真诚、得体、恰当、中肯的话语，都会滋润他们的心田，从而让他们更有信心地面对未来。

第四，良言美语，陶醉人心。有话要好好说，良言更要美美地说。真情的激励、友好的劝说、热情的赞美、善意的批评和推心置腹的谈心，如果用富有艺术性的语言说出，便能调动受话人丰富的联想、美好的感受，就能在陶醉人心的前提下，达到温暖人心的效果。

另外需要注意的是，关心的话也要美美地说。甜美的语音、温柔的语调、抑扬顿挫的节奏、新颖的语句、生动的比拟等等，绝不仅仅是个包装，它是良言的一部分，让人心由表及里地温暖如春。

说话留余地，让自己可进可退

"待人而留有余，不尽之恩礼，则可以维系无厌之人心；御事而留有余，不尽之才智，则可以提防不测之事变。"说的就是留有余地的作用。待人办事如此，说话更是如此。女人在社会中更需要把握"余地"。

人，生在社会，长在社会，更要努力奋斗在社会。人是社会性的，因此离不开其他的人。人生是一个与他人周旋的过程，如果你的话说得不到位，说得太绝对了，你就会总处于被动局面。客家有句俗谚："人情留一线，日后好见面。"

生活中很多尴尬是由自己一手造成的。其中有一些就是因为话说得太绝造成的。凡事多些考虑，留有余地，总能够给自己留条后路。这在外交辞令中是见得最多的。每个外交部发言人都不会说绝对的话，要么是"可能，也许"，要么是含糊其辞，以便一旦有变故，可以有回旋余地。话不说绝也是一个女人老练成熟的标准。

　　在我们谈话的时候都要提醒自己，要给自己留余地，使自己可进可退，这好比在战场上一样，进可攻，退可守。这样有了牢固的后方，出击对方，又可及时地退回，自己依然处于主动的地位。这样虽然不能保证自己就一定会处于战无不胜的地位，但是至少会让自己不会败得一塌糊涂。要在谈话时，给自己留余地，需注意以下几点：

　　第一，话不要说过了头，违背常情常理。事物都有自己存在的道理，人事也有自己存在的情理。说话时，如果违背了常情常理，就会给别人留下把柄。因此，在谈话时，要记住话不要说过了头，违背了常情常理。

　　　听听两位推销员对同一商品的说辞。她们推销的是同一款产品：袜子。

　　　第一位推销员随手拿起一只袜子，紧接着她又拿起打火机，在袜子下面轻快晃动，火苗穿过袜子，而袜子未受到损伤。在她一番介绍之后，袜子在顾客手中传看。

　　　有一位顾客要打火机烧，急得推销员赶忙补充说："袜子并不是烧不着，我只是证明它的透气性好。"最后大家终于明白了怎么回事，袜子的质量没得说，但当时气氛明显地影响了顾客的消费情绪。

　　　而第二位推销员，也是一边说一边演示，不过她注意到了科学性介绍，一番介绍说得非常周到。她是这样说的："当然，任何事物都有它的科学性，袜子怎么会烧不着呢？我只是证明它的透气性好，它也并不是穿不破，就是钢也会磨损的。"

这番介绍没有给天性爱挑刺的顾客留下可乘之机。接下来，她一边给大家传看袜子，一边讲解促销的优惠价格，销售效果明显好于前一位推销员。

第二，话不要说得太绝对。人们考虑问题都喜欢来个相对思考，也许是爱因斯坦的"相对论"深入人心的缘故吧。对于绝对的东西，在心理上有一种排斥感。比如，当你斩钉截铁地说："事实完全就是这个样。"

此时在别人心里会有两种想法：一是肯定，二是反问："难道一点也不差？"也许你表达的是事实，可是他心理老是琢磨"难道一点也不差"的时候，他对你的话语的领悟就会有点舍本逐末了。倒不如这样说："事实就是这个样子。"

如果我们连自己都还没有彻底弄清楚的事情，或者是代表个人看法，就更不要用那些表示绝对的字眼，那样会因为你的绝对化而引起他人的怀疑，甚至引起他人的反感。

在我们的周围，有很多这样的人，他们相信自己，如果自己没有来得及思索，而他人就在面前那么有把握地讲，就会感到自己落后，自然而然就会产生反感情绪。他们会在心里说："真是那样？我不相信。"甚至会说："我讨厌这样的人。"这是人们对你的绝对化理论的第二种心理反应。

因此，在谈话时，尽管是我们绝对有把握的事，也不要把话说得过于绝对，绝对的东西容易引起他人挑刺。而现实是，如果对方有意挑刺，还真能挑出刺来。与其给别人一个挑刺的借口，不如把话说得委婉一点。同时，如果我们不把话说得绝对，我们还可以在更为广阔的空间与对方周旋。

第三，话要说得圆润。当我们为了某个目的与他人谈话时，话就要说得圆润一些，话说得太直，会激恼对方，即便是理在己方。说得圆润一点，也能给我们留下一定的回旋余地，从容地达到我们谈话的目的。

　　某家宾馆的服务员，发现客人刘先生，在结账后仍然住在房间，而这位刘先生又是经理的亲戚，怎么办呢？如果直接去问刘先生何时起程，就显得不礼貌，但如果不问，又怕刘先生赖账。于是公关部一位善于谈话的何小姐敲开了刘先生的房门："您好！您是刘先生吗？"

　　"是啊！您是？" 刘先生说。

　　"我是公关部的，您来几天了，我们还没有顾上看您，真是不好意思。听说您前几天身上不舒服，现在好点了吗？"

　　"谢谢您的关心，好多了。"

　　"听说您昨天已经结账，今天没有走成，这几天，天气不好，是不是飞机取消了？您看我们能为您做点什么？"

　　"非常感谢！昨晚结账是因为我的表哥今天要返回，我不想账积得太多，先结一次也好，大夫说，我的病还需要观察一段时间。"

　　"刘先生，您不要客气，有什么事只管吩咐好了。"

　　"谢谢！有事我一定找你们。"

何小姐去找刘先生谈话，目的是要弄清楚，到底是走还是不走，如果不走，就弄清楚原因。但这个问题不好开口，弄不好既得罪刘先生，又得罪经理。何小姐的话说得非常圆润，先是寒暄一下然后又问刘先生需要什么样的帮助，一副非常关心的表情，而使刘先生深受感动，不知不觉中就说明了原因。何小姐话语技巧高超，回旋的余地很大。

　　生活总是充满变化，居安时要思危，顺利时要思逆境时，时时处处留有余地是为人处世的大智慧。其实很多事情都一样，最好能留有余地，否则，日后会后悔莫及。

第二章
用心看世界，过好每一天

　　有人说过："播下一种心态，收获一种思想；播下一种思想，收获一种行为；播下一种行为，收获一种习惯；播下一种习惯，收获一种性格；播下一种性格，收获一种命运。"

　　要想成为一个幸福、快乐的女人，就要为自己树立良好的心态，用心去看待这个世界，过好自己的每一天。

心宽的女人，离幸福最近

女人学会宽容是一个成熟的标志，是一种"胸中天地宽，常有渡人船"的人生境界。

同为女人，可为什么有的女人过得幸福开心，而有的女人却整日愁眉苦脸呢？究竟什么样的女人离幸福最近呢？

有人说，温柔善良的女人离幸福最近；有人说，聪明女人离幸福最近；也有人说，傻女人离幸福最近；还有人坚持说，本色的女人离幸福最近、智慧女人离幸福最近、有心机的女人离幸福最近、单纯的女人离幸福最近……真是众说纷纭。著名年学者吴慧茹给出了自己的答案，她在文章里说：心宽的女人离幸福最近。

心宽，即是宽容，心宽的人拥有宽容的胸怀。人生不如意事，十之八九，一个心宽的女人，才能凡事看得开。否则，遇到一点儿小挫折就受不得，即使嫁个如意郎君，即便家财万贯，也未必生活得幸福如意。

心宽的女人更容易得到快乐。因为她们懂得宽容，懂得宽容他人，懂得宽容自己。宽容是快乐之本。宽容朋友无意的误解，能使友谊之树常青不倒；宽容同事背后的中伤，能使同事之间团结互谅；宽容领导暂时的失察，能使上下级关系协调一致；宽容下属无心的冒犯，能使下属之行自觉规范；宽容亲人一时的过失，能使幸福之花长开不败。

如果人们不深刻理解宽容的含义，不理会宽容的价值，心胸狭隘，睚眦必报，言语刻薄，得理不饶人，得势不容人，就会如摸黑夜行，处处碰壁，时时摔跤，陷入无穷的烦恼。

宽容就是潇洒。"处处绿杨堪系马，家家有路到长安。"宽厚待人、容纳非议，是事业成功、家庭幸福美满之道。事事斤斤计较、患得患失，活得也累，难得人世走一遭，潇洒最重要。

　　叶碧就是一个心宽的女人，她的性格洒脱，不拘小节，乐观开怀，同事们都喜欢和她交往。

　　有一次单位组织去青岛玩，逛一个景点时，叶碧发现手机不见了，但是她并不着急，没找着她就不再找了，也不再想了，依然乐呵呵地和同事们一起品海鲜、观海景。

　　同事们很是惊讶于她的不动声色，当时叶碧就说："我来青岛是为了玩，为了感受青岛的美。手机丢了是意外损失，倘若因此心情低落让这趟青岛之行失色，岂不造成双重损失？我不想一次损失那么多。"结果，同事们送了她一个绰号"心宽叶"。

　　其实，在同事中，叶碧的生活并算不上幸福，去青岛玩之前，她刚与老公闹家庭矛盾，她是为了散心才去旅行的。对于无可挽回的事情，无论感情还是工作，叶碧从不勉强自己去做无谓的挣扎。

　　对生活中的意外伤害来一个华丽的转身，在别人看来可能有些没心没肺，但这却是爱自己、让自己幸福的最好方

式。叶碧说过，自己要做一个离幸福最近的女人，她的确做
到了，因为只有心宽的女人才离幸福最近。

女人需要心宽，需要有宽容的胸怀，遇事要理智、冷静、稳重，
要三思而后言，三思而后行。

在采取某种重大行动之前，必须反复告诫自己：千万别感情用
事。感情用事，常常是不会有好结果的。人贵有自知之明。须知太阳
不是为你而升起的，地球不是为你而转动的，哪个人都不是必不可少
的，都不是时时处处正确的。须知合理的、适当的、理智的让步，必
将有助于矛盾的消除和事情的解决。

宽容是一切事物中最伟大的行为。宽容待人，就是在心理上接纳
别人，理解别人的处世方法，尊重别人的处世原则。我们在接受别人
的长处之时，也要接受别人的短处、缺点与错误，这样，我们才能真
正地和平相处，家庭生活才和谐美满。

在生活中，能得到别人宽容的人是幸福的，能宽容别人的人是
高尚的，世上没有过不去的河，没有上不去的高山，也没有解不开的
结。宽容多了，朋友也多了，烦恼也就少了。宽容一点儿，我们的生
活会更加美好，心宽一点儿，女人才会活得幸福开心。

女人的宽容是一种非凡的气度、宽广的胸怀，是对人对事的包容
和接纳。宽容是女人一种高贵的品质、崇高的境界，是女人精神的成
熟、心灵的丰盈。也是一种仁爱的光芒、无上的福分，是对别人的释
怀，也即是对自己的善待。

女人宽容的心态，是一种生存的智能、生活的艺术，是看透了社
会人生以后所获得的那份从容、自信和超然。

保持好心情，才有好身材

作为女人，想必你也曾经这样恨恨地想过：假如我有魔鬼身材，我就一年四季都穿吊带裙：夏天穿真丝吊带裙，春天和秋天穿羊绒吊带裙，冬天穿皮草吊带裙。

假如我有魔鬼身材，我想露背就露背，想露脐就露脐，想露香肩就露香肩；假如我有魔鬼身材，就不会有时装店的售货员对我说"这件衣服是窄版的，不适合你。"；假如我有魔鬼身材，我就不用费尽心机满大街找时装店了，裹上块布咱也风姿绰约。

拥有魔鬼身材是每个女人的梦想，许多女人只要能瘦，即便上刀山下油锅也在所不惜。更不用强调屡战屡败，屡败屡战的决心了。于是，网页、杂志、电视所有媒体各式各样的减肥方法是层出不穷，无奇不有，女士一见就眼睛发亮，不顾一切以身试"法"。

甚至于，见到虫子就怕得要死的女士，误听减肥"偏方"，毫不犹豫地吞下整条蛔虫，只因为蛔虫吸收体内营养，可以干吃也不胖。有的一吃多了就抠自己的喉咙，直到把吃下的吐出来为止。

很多女人什么方法都试过，结果下来，不但没有拥有魔鬼的身材，反而差点将自己变成了魔鬼。有的女人将保持身段当作自己头号的革命目标，结果什么减肥方法就去试，甚至不吃饭、拼命节省，结果"革命"没有成功，差点是要了自己的命。

那么，一副好身材究竟是如何获得的呢？

梁咏琪的纤细身材是多少女孩梦寐以求的目标，可当记者向她取经的时候，居然得到令人惊讶的回答："现在大家的工作压力都很大，不要太强迫自己！别看我瘦，其实我特别能吃……"

说着她还让记者转告爱美的女孩："只要休息好，别吃太多油腻食品，加上保持心情愉快，你就可以做个漂亮女孩，对自己太苛刻真的不好。"

好身材是一种健康的生活方式和良好心态的产物，要想拥有好身材，必须拥有好心情。调查显示，长期被紧张心情压抑的女士，臀部和腰腹部的脂肪量会迅速累积，而胸部却会逐渐变小。所以尽管你不喜欢吃零食，也从来不大吃大喝，但心情也会影响你体内的脂肪量。

有些女士平常非常注意控制自己的饮食，可是一遇到心情不好、压力大时，就会暴饮暴食，通过此种方式来缓解压力，发泄愤怒。

美国路易斯安那州州立大学的一项研究表明：情绪紧张的动物需要咀嚼一些食物来达到放松的目的，人也一样。但是在遇到这种情况时，一定要注意选择合适的食物。

伦敦大学在一项医学调查后，发现女性在情绪变化的时候更趋向于甜食和高热量、高脂肪的食物，尤其是在压力大的时候，这是因为，这些食物对缓解大脑压力十分有效，即使是暂时的。但是吃过之后，就会懊恼不已，因为身材变胖了。

所以在心情不好或压力大时，最好在身边常备无糖口香糖和一些低脂肪的耐嚼食品，而不是放纵自己大吃大喝。而且，尽量让自己保持一颗平常心，不必陷入无端的烦恼之中。

奥黛莉·赫本是一个天使般的美女，全世界都赞美她的美貌，说她是仙女下凡。她的身材虽然称不上魔鬼，但是也是非常匀称，看上去非常健康。她保持身材的秘诀除了在饮食上和运动上的一些简单方法，就是保持心情愉快。赫本的儿子在自己书中这样记述了自己的母亲：

> 我还要告诉大家另一个秘密：母亲并不像她看起来那么瘦，她经常说自己是冒牌的瘦。
>
> 母亲的上半身，特别是胸部，和平均水平相比确实很瘦，她的腰也很纤细。婴儿时期患上的百日咳，加上战争时期由于饥饿导致的营养不良，使母亲在青春期患上了哮喘，影响了她的正常发育……
>
> 所以说，如果你想拥有一个美好的身材，方法很简单：在战争期间成长，在童年时代遭受饥荒，每天都进行身体锻炼，然后保持良好的饮食习惯，合理食用科学比例的各种食物，并且心情愉快。
>
> 当然，我透露这个秘密的真正意义是，如果我们不给我们的孩子摄入太多的脂肪和糖类，他们今后的生活就会变得轻松惬意许多。
>
> 这也是母亲在她为联合国儿童基金会工作时谈到母乳喂养问题时经常说的，奶粉和奶粉替代品中含有太多的脂肪和糖。

赫本的儿子说出了母亲保持身材的秘密，其中一条就是心情愉快。我们见过许多明星，在评奖过程中若是获奖，则兴高采烈，若是落选，则痛哭失声。

　　还有一些人落选后要不就是闷闷不乐，要不就是心里愤愤不平，甚至攻击获奖的人，埋怨评委没眼光，并怀疑这里面有什么潜规则，然而赫本在面对不公正的待遇、面对落选时，却保持了良好的心态。

　　赫本参加拍摄的巨片《窈窕淑女》在1964年度评奥斯卡奖时，大家都以为赫本会获得最佳女主角的奖项。然而评选结果却是《窈窕淑女》获得奥斯卡史上少有的最佳影片等八项奖，而在其中作为顶梁柱的赫本却连提名都没有。

　　这个消息虽然使赫本感到震惊，但她却觉得这些决定是公平的，虽然观众和影视界、评论界对《窈窕淑女》反应很好，但她认为自己在片中的表演也不尽如人意。

　　赫本影迷们对此愤愤不平，连那届获得最佳女主角的演员都公开表示："赫本应当获提名"。颁奖单位为缓和众怒，让赫本主颁本届最佳男主角奖，而该奖获得者就是在《窈窕淑女》中与赫本合作的男主角扮演者哈里森。赫本对此并不耿耿于怀，她表现得大度、自信和愉快，并千里迢迢专程从欧洲拍片现场赶来颁奖。

　　同时，她还向获得最佳女主角的演员表示祝贺，甚至事后给她送去一大束鲜花。在颁奖仪式上，几乎每一个《窈窕淑女》的获奖者都在领奖时说："我要感谢奥黛丽·赫本的精彩表演。"

　　赫本却保持着愉快的心态来接受这一切，没有愤愤不平，也没有伤心落泪，她继续自己的生活，而不像有些女人那样把自己关起来，大吃大喝来发泄不满。

可见，女人保持心情愉快，首先要有一颗平常心。尤其是对爱美的女性，如果想到生气对自己的身材没好处，那就更应该向赫本学习一下宠辱不惊的心态，当然，也可以在生活中，让自己进行如下的训练，使自己成为一个快乐女。

经常放声大笑，并装作自己很快乐。大笑可以促进大脑释放一些心情轻松的化学物质，尽量多想一些令人高兴和愉快的事情，这会提高体内血清素含量，从而令心情变好些。

在日常生活中多注意令你感到高兴愉快的东西，比如夏日的花冬天的雪，还有好听的歌，漂亮的衣服等等，培养一些轻松休闲的爱好。

保持好的身体姿态，行走和坐立时尽量挺直身体，使身体处于肌张力之下，肌张力会向大脑传递有益于心情愉快的信号。

安心睡觉，因为睡眠太少的人会陷于烦躁之中，长期睡眠不足甚至会导致精神萎靡不振。因此躺下就睡，不要多想白天的事，第二天便会精神饱满。

多运动。身体运动会释放出使人兴奋的物质内啡肽，可以有效地消除轻微的抑郁症和恐惧感。我们常常有这样的经历：为某件事烦恼已几近绝望，运动之后出了一身大汗，洗过澡后感觉很舒畅，这时突然之间有了信心，从而使心情愉快。

设法用积极的思想代替消极的思想。长期闷闷不乐绝对对身体有害。遇到打击时要乐观的展望未来。只要抱有希望，一切都会好的。生活给予我们的，永远超出我们自己的想象。

爱护你的朋友和家人，因为你心中有爱，将别人挂念在心上，就不会计较个人的得失，并会从朋友和家人那里得到快乐，这样就会远离许多烦恼，得到更多的快乐。

世界上，从来没有绝对的完美

即使缺陷再大的人也有其闪光点，正如再完美的人也有缺陷一样。能够充分发挥自己的长处，照样可以赢得精彩人生。

一心追求绝对完美的人生本身就是不完美。女人的人生就像是一场竞赛，再成功的人也有失手的时候，再失败的人也有出色的瞬间。只要认真地看待生活，正确对待自己，你会发现快乐地生活其实非常简单。

有位女士是个十足的完美主义者。她对所做的每一件事都要求毫无瑕疵，但即使她如此严格地要求自己，工作上却并没有什么起色，生活也是一塌糊涂，一天还忙得闲不下手脚。

比如，一个简单的报告，她都得细细推敲好几个小时才肯提交；发表演讲，她更是把题目反复解释，实际上只会搞得听众很不耐烦；她家里从来不欢迎那些贸然探访的客人；举行宴会时，她会连最小的细节都事先一一安排好。

这位女士凡事都要做到最好，也的确做到了一种近乎机械式、冷酷的完美，但付出的代价却是失去欢乐、自在和温情。这样的完美，无论是对自己还是对别人，都没有一点儿好处。

其实，世界上从来没有绝对的完美，所谓的完美只是相对的。如果你非要刻意地追求完美，只能是徒劳无功。一个人或一件艺术品的失败，往往并不是它本身存在什么缺点。

莎士比亚的戏剧里历史和语法的错误也不是没有，狄更斯的小说更充满了过分感伤、煽情的段落，但是，又有谁会在乎它的不完美呢？这些伟大艺术家的作品依旧流芳千古、长盛不衰。因为它们的缺点相对很小，所以并不影响其伟大。

大多数人都知道断臂的维纳斯塑像，她的断臂当然不是雕塑家的初衷，而是从地下挖掘出来时无意中给碰掉的，可是人们却惊讶地发现她是如此之美。也许这种美恰恰就在于她的残缺：失去双臂，这就是残缺美。失去也是得到，有缺憾的地方正好给人们留下了广阔的想象空间。

没有最好，只有更好，有志者总是在这样的信念下追求着。要做到这一点，就要打开两扇心灵窗户，只开一扇窗户，就会视野狭隘，使自己变得孤陋寡闻，只能看到比自己逊色的人。多打开一扇窗，眼前就会变得豁然开朗，不仅会欣赏到自然美景，而且还会接触到智慧和才能比自己更优秀的人。

即使是中国古代的四大美女，也有各自的不足之处。历史记载：西施的脚大，王昭君双肩仄削，貂蝉的耳垂太小，杨贵妃还患有狐臭。道理虽然浅显，可当我们真正面对自己的缺陷、生活中不尽如人意之处时，却又总感到懊恼和烦躁。

其实，完美的标准是相对而言的，因人的审美观不同而不同，今天以肥为美，明天就可能以瘦为美。古人以脚小为美，如果今天有"三寸金莲"走在大街上，路人肯定会笑掉大牙。

人的一生就像一张白纸，幸福就是纸上五彩斑斓的色彩，但是，如果你的眼睛只看见色彩的黑、灰等暗色调，你就感觉不出它的缤纷。

是的，这世界上并没有完美的事物，但是总有一样东西会属于你，比如，上苍给了你美丽的容貌，也许会夺走你的善良；给了你富裕的家庭，也许会夺走你的聪慧；给了你显赫的地位，也许会夺走你的亲情……因此，没有一个人的一生是完美无瑕的。

世上本无完美，女人也是如此。其实女人也不必太在意自己是否完美，自然本身就是一种美，生来如此的容貌，生来如此的脾性，本身就是一种和谐。

世界上最好的不一定是你喜欢的，而你最喜欢的也不一定是世上最好的，而且，在过分追求完美的过程中，或许你会失去了本来应该属于你的快乐。

人生不如意十有八九，我们不能放弃自己，却也不能不切实际地追求完美。这个世界是不完美的，人生也不可能尽善尽美，没有"瑕疵"的人和事物是不存在的，盲目追求一个虚幻的境界只能是劳而无功。如果能以一颗欣赏与感激的心态去体会人生，你就会发现，其实最美的风景就在自己的心中。

平常心，是女人的智慧之美

拥有平常心的女人，无论在什么样的位置，无论是做什么的，都能够感受到生活的美好。

在喧嚣而躁动的世界里，因为太多的纠葛和羁绊，而使原本平和的心，饱受世事的碾压，顾虑过多的得失。如果心胸宽阔，不以物喜，不以己悲，就足以承受任何过错得失，也足以抵挡住任何是非恩怨。

保持一颗平常心，实质上也就是把外在的世界和内心保持一个平衡点。有了这种平衡，女人，会少些焦虑，少些浮躁，多一份安适，多一份恬谧，心似一泓碧水，清澈明亮，继而胸襟为之开阔。在现代紧张生活的压力下，仍有心情去感受那份"宠辱不惊，闲看庭前花开花落，去留无意，望天上云卷云舒"的那份自在。

黄茜担任公司要职，也算是领导级的人物，但她从来不摆架子，心胸开阔，和员工很合得来。很多人喜欢猜她的年龄，结果猜的总比实际岁数小上一截。

于是有人就追问她常葆青春的诀窍，黄茜答："我的生活习惯不好，爱喝咖啡，还抽烟，但是，我有最好的诀窍，那就是保持一颗平常心，女人也应该大度一点儿，不要凡事斤斤计较。"

的确，心胸开阔是保持身心年轻态的重要因素之一。还没结婚的时候，她在老家的政府部门工作，面对单位复杂的人际关系，她也总是摆出一副与己无关的样子。从不与人斤斤计较，也不与人争什么，平常心让她看起来有点不思进取，但也正是因为平常心，让她有个好人缘，几次升迁还都有她的份。她自己就说："傻人有傻福。"

后来，黄茜独自出来闯荡，在南方的一个大城市开起了时装店。与顾客你来我往的砍价游戏根本不是黄茜的专长，她干脆把进价及卖价的标签都贴上，这样既省却了口舌，也让顾客消费得明白。

开始的时候很多朋友都说她又犯傻，但让众人傻眼的是，店里的生意越来越好。有人问她成功秘诀，她又说："不必与人斤斤计较，一颗平常心会让你收获许多。"

放眼红尘，且看几人流尽伤心泪，再看几人为名为利奔波个不停？还有女人总是抱怨自己活得累，这些都因为不懂得拥有一颗平常心而起。拥有平常心的女人，才能宠辱不惊，才懂得去留无意。如此，才是女人最难得的智慧。

公司公布了裁员名单，行政部办公室的杨娟和方雯都在裁员之列，她们将在一个月后离岗。那天，两个人心情都不是很好。

第二天上班，杨娟的情绪很激动，谁跟她说话，她都没有好脸色，像吃了一肚子的火药，向谁都开火。裁员名单是老总定的，跟其他人没关系，杨娟心里也明白，可就觉得委屈，又不敢找老总去发泄，只好拿杯子、文件夹、抽屉出气，

不绝于耳的响声，把同事的心提上来又摔下去，办公室的空气都快凝固了。办公室订盒饭、传递文件、收发信件，原来是杨娟做的，现在却无人过问。杨娟原来很讨人喜欢的，现在，她人未走，大家却有点讨厌她了，巴不得她快点走。同样的，裁员名单公布后，方雯也哭了一晚上，第二天上班她也无精打采，可一打开电脑，她就和平常一样地工作了。方雯见同事不好意思再让她做什么，便主动与大家打招

呼，主动揽活。

她说："何必斤斤计较，也许换一个地方会更好。现在我要站好最后一班岗，以后恐怕想为你们工作都没机会了。"方雯心里渐渐平静了，仍然勤快地打字复印，随叫随到，好像没有发生过裁员的事。

一个月满，杨娟如期下岗，而方雯却被从裁员名单中删除，留了下来。主任当众传达了老总的话："方雯的岗位，谁也无法替代，方雯这样的员工，公司永远不会嫌多。"

作为一个女人，应大气一点儿，别老醉心于鸡毛蒜皮的小事。要知道在小事上纠缠，是对时间的浪费，也可以说就是对于生命的无端消耗。心胸狭窄，斤斤计较的人，常常令人生厌。相反，拥有平常心，大气宽厚的女人却能给人一种成熟、典雅的美感，更能获得他人信赖，得到成功。

女人并不比男人笨，但为什么女人的成功率却大大低于男人呢？除了传统性别的差异外，最主要的原因是女人自身心理因素造成的。因此，女人在任何时候，拥有一颗平常心和一种大气度都非常重要。

以平常心观不平事，则事事平常。平常心不是"看破红尘"，平常心不是消极遁世，平常心是一种境界，平常心是积极人生，平常心是道。其实，不要指望自己的每一次付出都必然得到回报。如果你抱着一颗平常心，在日常的工作、生活中，多多体谅别人，你最终必然会得到回报，而且是各方面丰厚的回报。

心境淡泊，让你拥有无忧岁月

一个女人要想以清醒的心智和从容的步履走过岁月，她的精神中必定不能缺少淡泊。女人分有好多种，有高贵优雅，有随和温驯的，还有便是淡泊的女人。淡泊的女人拥有一颗淡泊的心，她们没有一般世俗女子那么多的虚荣，渴望金钱，渴望房子，渴望车子。

淡泊的女人所渴望的便是一颗淡泊、平和的心。可以在纷乱的尘世中，找到一丝心灵的净土，可以暂时休憩。淡泊的女人同样也是智慧的女人，她们用睿智的双眼看透了一切，对于世上的痴男怨女的感情纠缠，淡泊的女人没有太多的感动，只会在看过之后，淡然一笑。

淡泊的女人是超脱的，她们不追名逐利，不爱与人比较，她们深知那些犹如过眼云烟。淡泊的女人同样也是任性的，当工作疲倦时，她们会收拾好行囊，不跟任何人打招呼，便踏上了远去的路程。

女人都应该想清楚，生活，并不是只有名利。尽管我们大家必须去奔波赚钱才可以生存，尽管我们知道生活中有许多无奈和烦恼。然而，只要我们拥有一份淡泊之心，量力而行，坦然自若地去追求属于自己的真实。能够做到宠也泰然，辱也淡然，有也自然，无也自在，如淡月清风一样来去不觉。生活，就会轻松很多。

有了这份平淡的处世心态，你就会在简简单单的生活中快乐地生活。当你忙里偷闲与爱人、孩子一同去逛公园，去看场电影，去搞一次野炊时，你就会懂得，生活其实有很多内容。我们大可不必为了一个出国名额而彻夜不眠，大可不必为一次职位的晋升而寝食难安。

在平日忙碌而充实的生活中，你忙你便有所收获；你的岗位平凡但你乐在其中；你斗室而居，但你衣食自足；你平凡，平凡如一朵花，但你同样可以骄傲，默默绽放的花朵也会芳香宜人。

人生的大戏不可能永远处于高潮，平平淡淡才是真，拥有淡泊之心，便能拨云见日，体会到生活的真正内涵，否则，只能在生活的边缘徘徊，只能是舍本逐末。

人生在世，名利都是身外之物，生不带来，死不带去，不必看得太重。就算你一刻不息、永无止境地去追求和索取它，也不会有满足的时候。相反，它还可能会给你的事业带来无尽的坎坷和烦恼，诱你陷入贪欲的深渊，以至于身败名裂。

在所有的处世原则中，淡泊是最有益处的。有了淡泊之心，我们才不会在失败面前灰心丧气，在成功面前骄傲自满，始终保持一种平和淡泊。

有了淡泊之心，我们才能用一种超然的心态对待眼前的一切，不做世间功利的奴隶，也不为凡尘中种种俗事搅扰、牵系，才能不为烦恼所左右，使自己的人生不断得以升华。

有了淡泊之心，我们才能在物欲横流的不良风气中保持一份独有的安静，任你诱惑无限，我自岿然不动，才能坚守精神家园，不被污浊的空气所感染，进而才能执着专注地追求自己的人生目标。

有了淡泊之心，我们才能抛开一切名利的束缚，让人性回归到本真状态，从而获得心灵的纯洁、充实与自由……

淡泊，会使我们的心灵更加鲜活生动，让人性回到本真状态，使心灵获得一种充实、丰富、自由和纯净。

淡泊犹如天上的白云，地上的泉水，它是一种气质、一种修养、一种成熟而坚强的人生理念。人的一生难免会有烦恼，但你淡然处之，你便会觉得，原来生活并没有亏待你，一切原来都很美。

淡泊，不是一种心如枯井的无所谓心情，它是空中的一轮明月，在静谧寂寞的夜里，我们依然会感受它生动的光辉。

淡泊更非冷漠，它是山间的清风，无论世事如何沧桑，它依然会为我们展现其柔美，轻拂美丽人生。

淡泊并不是要拒绝波澜壮阔，也不是叫我们放弃执着的人生追求，淡泊只是让我们在所有的成功和失败面前，始终保持一种平心静气、乐观豁达的人生态度。

快快乐乐，美丽女人心

快乐，是人们的思想处于愉悦时刻的一种心理状态。快乐是真实的，是自发的，是你赠送给自己的礼物。快乐是健康，快乐是幸福，快乐是充裕，快乐是富庶；快乐是爱心与关怀，快乐是分享和学习；快乐是知道你需要什么，快乐是会平衡你的所有。

快乐的女人是幸福的。在快乐的时候，可以想得更好，干得更多。在快乐的思维中，视觉、味觉、嗅觉和听觉都更加灵敏，记忆大大增强，心情更加放松。

快乐的女人是美丽的，心情保持快乐，呈现出的面部表情也是放松的、愉快的。快乐的女人也许不是出色的女人，但她是掌握人生要义的女人，她知道怎样热爱生活。女人的快乐从何而来？下面就教你几种调制快乐的方法。

第一，不害怕改变。快乐的人不害怕生活中的改变，她们甚至会离开让自己感到安逸的生活环境，去寻求全新的生活感受。从来不求改变的人自然缺乏丰富的生活经验，也就难以感受到快乐。

女性的焦虑情绪有很大部分来自生活中的改变，或者是自身的，或者是家庭的，因为对改变的恐惧使她们变得烦躁不安。所以，不要害怕改变，它会让你的人生因为丰富而更加精彩。

第二，不抱怨生活。快乐的人并不比其他人拥有更多的快乐，只是因为他们对待生活和困难的态度不同，他们从不问"为什么"，而是问"为的是什么"，他们不会在"生活为什么对我如此不公平"的问题上做长时间的纠缠，而是努力去想解决问题的方法。

第三，勤奋工作。专注于某一项活动能够刺激人体内特有的一种荷尔蒙的分泌，它能让人处于一种愉悦的状态。工作能激发人的潜能，让人感到被需要和责任，这给人以充实感。

第四，感受友情。一个人如果没有友谊，就会感到孤独寂寞，不可能有更多的欢乐。因此，人的生存需要有朋友的友谊。至于如何交友，交什么样的朋友，这要根据各人的要求去选择。

对待朋友，应该本着尊重、友爱、信任、互助的态度，努力使友谊纯厚、持久。遇到不愉快的事情或矛盾时，要多和朋友交流，商讨解决问题的办法。闲暇时，也可和朋友做一些有意义的活动，充实生活。事实证明，真正的友谊会给你带来幸福和快乐。

第五，树立生活目标。快乐幸福的人总是不断地为自己树立一些目标。通常人们会重视短期目标而轻视长期目标，而长期目标的实现更能给人们带来幸福的感受，你可以把你的目标写下来，让自己清楚地知道为什么而活。

第六，心怀感激。人的生存不是孤立的，而是相互依赖的。在生活中，每个人的思想、性格、品质不尽相同，所表现的言行也不一样。抱怨的人会把精力全集中在对生活的不满上，而快乐的人把注意力集中在能令他们开心的事情上，所以，他们更多地感受到生命中美好的一面。因为对生活的这份感激，所以他们也会感到更加幸福和快乐。

第七，把生活简单化。时下有一个非常流行的理论，得到了人们的广泛认同，这个理论把天下所有的事分成了三件事：一件是"自己的事"，诸如上不上班、要不要帮助人……自己能安排的事皆属之；一件是"别人的事"，诸如小王好吃懒做、老张对我很不满意……别人主导的事情皆属之；一件是"老天爷的事"，诸如会不会刮风、下雨、地震……人能力范围以外的事情，都属于老天爷的管辖范围。

人的烦恼就是来自：忘了自己的事，爱管别人的事，担心老天爷的事……要轻松自在很简单：打理好"自己的事"，不去管"别人的事"，别操心"老天爷的事"。

快乐就在我们每个人身边，抓住快乐，拥抱快乐，你就是一个快乐的女人！

在岁月里，寻一寻失落的童心

在这个纷繁复杂的世界中，保持一颗纯真的童心，你的肩膀将不会再如此沉重，你会拥有最开心的笑容。

没有几个大人会抛开一切束缚，加入孩子们的游戏中，然而往往只有孩子们知道怎样度过大好时光，怎样把最乏味的环境变成有趣的乐园。我们不可否认，在披满荆棘的成长路上，我们那颗纯真的童心已蒙上灰尘，失落在某个未知名的角落。

表面上，我们一本正经，衣冠楚楚，有太多的规则和禁忌。其实，我们每个人的内心深处仍然是一个天真的孩子，它喜欢在草地上打滚，不在乎把衣服弄脏和别人如何看待它。

童心是人性中最善良、最诚实、最纯洁的一面。如刚刚出土的春草，给生命留下嫩绿和清新，伴你快乐地生活。一个女人，不管她的真实年龄有多大，若拥有一颗积极向上的童心，哪怕她活到80岁，她的额头始终会有青春的脚步驻足，光鲜如初。

当我们还是那个睁着好奇的眼睛观察世界的小孩子的时候，这个世界对于我们来说太奇妙了。我们不厌其烦地听着一个又一个美丽的童话故事，生活在自己营造的童话王国里。

在那里一切好像都是可能的，我们相信这个世界上有个永远长不大的孩子，他的名字叫彼得·潘；有喜欢骑着魔毯到处飞的阿拉丁；有一个叫爱丽思的女孩子曾出仙境玩耍；还有每天夜深人静的时候用喇叭把美梦吹进小孩脑子里的巨人……多有趣，多奇妙。是的，那时的我们绝对相信这些。

我们相信童话故事里所说的一切，了解我们会遵守故事里教给我们的种种禁忌。匹诺曹的长鼻子时刻提醒我们不可以说谎，变成老鼠的布鲁诺让我们明白小孩子不可以太嘴馋，更要注意身边有没有不怀好意的女巫，光着身子走在街上的皇帝使我们懂得虚荣和无知是多么让人丢脸的事情。

当我们敏感的心灵感受到世事的难处时，我们就像娇弱的豌豆公主，十八床被子下的一点点不适都会让我们浑身是伤。我们会哭，会抱怨，但我们也在顽强地鼓励自己，丑小鸭有变天鹅的那一天，矮小的拇指姑娘也可以找到自己的幸福，看上去可怕的蜘蛛坚持自己的承诺，也可以让那平凡的小猪逃过被杀的厄运。这些让我们知道，我们也很棒，我们可以得到幸福的。

　　有一家商场的门前，摆放着一个大篮子。篮中放置多款卡通内衣，粉蓝、豆绿、嫩黄的底色上印有"猪小弟""流氓兔""维尼熊"等卡通人物，其尺码既有儿童的，也有成人的。

　　不少衣物做的童趣盎然，比如，内衣上流氓兔的耳朵是立体的，内裤上的小猪背面拖一条短短的尾巴。

　　一名女士看得忍俊不禁，边笑边给自己买了两条，她说自己未必穿，但就是收藏也挺有趣的，而一旁的营业员适时推销："这种卡通内衣裤十分好卖，有的家长给孩子买一件不过瘾，自己也要买上一件。"

　　每一个卡通明星都分享着一部分童年的秘密和欢笑，如果穿上这样可爱的小东西，大概会有一整天都挂着绵长而会心的笑容。

　　其实，无论美丑，每个女孩一开始都是一个天使，纯净清澈，只不过生活渐渐地改变了我们。这个社会赋予了女人和男人同等的权利，却也给了我们必须承担责任的代价。

　　我们要学习进步，要努力工作，要养家糊口，甚至还要比男人多做一件事，生儿育女。这样的劳累烦琐，让我们失去了本来的颜色。哭过、痛过、伤过，经历过磨难和挫折，渐渐地，人们连自己本身的特质都失去了，何谈童心？常常在想，从前的我哪儿去了？可是，女人们仍希望做这样的自己，对爱人能温柔撒娇，但永葆独立。对情人能诚心以对，但永葆戒备。有童心的女人是可爱的，她们知道"爱玩乐"是灵感的源泉，她们是你所接触过的最幸福、最有活力的人。

有童心的女人，她们知道责任和幸福是可以共存的，她们比普通人更知道怎样让自己内心的"孩子"出来亮相，不怕别人的议论。有时，她们能够完全地沉浸于幻想，就像她们在孩提时代常常走神一样。

有童心的女人，她们知道"真正的生活"不是整天工作和不知娱乐，而是体现为一种通过最大限度地将工作和娱乐结合起来，而获得成长的能力。她们对生存保留一种孩子似的天真和好奇，知道怎样在欣赏和培养童心的同时做好成年人。

所以，真正的生活不是整天工作而不娱乐，与有童心的人打交道也是让人愉快的。只是这样的人在现在的都市里越来越稀少。严肃、烦忧的面孔，皆因内心失落了童真的玩乐，而荡漾的微笑、恣肆的童趣却能扫去世上的阴霾。女人若能在生存中保留孩子的天真、好奇和赤诚，那你就能跟孩子一样具备摆脱烦恼的奇妙能力。

放飞心灵，享受美好人生

已经有多久了，你堕入世俗琐碎的生活，你不快活。你开始埋怨，怎么一觉就睡到了大天亮，你需要与白天无关的梦境。可是日复一日，年复一年，天天过着刻板无聊的日子，心灵已经积了一层厚厚的灰，自己都觉得暗淡无光，又怎么能让别人觉得你有魅力呢？

　　有一天，你随手打开音响，放上一张CD，悠扬空灵的旋律流过你的耳畔，滋润了你的心田，你的心好像要飞翔，于是，你突然找到了一种极大的满足，暗淡无光的日子远去了，你解放了你自己。

　　有一位哲人说过：不享受生活就是有罪。享受生活需要有巨大的勇气，怯懦的人只是活着。

　　你解放了自己，重新又回到了脚下生风的轻盈时代，勇气和力量此时也如正要起航的风帆，你怎能不露出欣慰的笑容，久已滞塞的灵性又回到了你的身上，久违的欢笑像风儿一样环绕在你的身旁。

　　你真的释放了自己久锢的心灵。你能够在雨天不打伞，欣喜地接受大自然的赏赐；你能够真切而大胆地直抒胸臆，并不在意世俗的眼光；你能够打破旧的习俗；你向往新的创造。

　　有的时候，也许你什么也没有想，只是在飞翔的欲望中沉浸，你的眼前一片空白，一片并不让你怅然若失的空白，一片仿佛让你期待已久的空白，你在这片空白中变得神清气爽，充满新的期待。

　　你释放了你自己的心灵，你也就战胜了自己。你可以想象当心灵与大海融为一体时那种不能自已的欢愉。当人们欢呼晚霞的时候，你可以去拥抱星夜；当人们在黑夜中做着甜美的梦的时候，你可以睁大着黑亮的眼睛；当人们从惺忪中醒来，你却采撷了一大束思想的朝霞；当人们纷纷匆忙挤上追名逐利的班车，你可以安步当车，尽情享受创造的愉悦与芬芳。

　　我不敢保证你一定能得到比别人更多更好的东西，但我可以肯定你得到的一定与众不同。而这种特别之处就是你的魅力所在。你不需要强迫别人喜欢你，你自有吸引他们的独到之处。

　　人生只有几十年，虽然不算太长，但也不算太短。智慧的造物主给你的这一段时间恰好可供你利用。只要你乐意培植，每个人的生命树上都可以开出最美丽可爱的花朵，结出最甜美的果实。

如果你放松心情，快乐地去迎接即将来临的每一个日子，生活便会散发出一种诱人的清香，不仅你自己可以身心愉快，你周围所有的人都可感受到这种芬芳。

释放自己的心灵吧。有什么能阻挡住一颗纯真的心灵倾注、向往那最崇高的美的境界，如同云游鸟儿逍遥飞向蓝天？

静静地坐下来，打开琴盖，奏一支曲子；翻开书页，读几篇好文章；拿起笔，随意写下几句你心中想要说的话；打开颜料盒，把你窗前的一支新绿描摹下来；望着远方的一线天光，悄声吟唱一首古老的歌谣；在屋后的一片空地上，撒上几粒种子；看一阵轻风吹过，有多少片叶子回到大地的怀抱；望一池清水，去凝视一群鱼儿如何在追逐那些浸碎的白云……

不要让心灵蒙尘，不该使心灵禁锢。释放自己，释放心灵，就是最好的魅力良方。

知足女人，如一道绝美的月光

你或许是平凡的，但你不一定就不幸福，你的财富往往就是那些看似平凡的东西。只要你拥有一颗知足的心，就不会被虚荣蒙蔽眼睛，你才能够发现这一切，它们都不应当被你忽略。

就像几米的漫画里说的："掉落深井，我大声呼救。天黑了，我低下头，蓦然瞥见绝美的月光。"我们说，只有知足的女人才能看到最绝美的月光。

也许人类最大的缺点，便是贪心。生活中总有那么一些人喜欢羡慕别人的生活，总爱抱怨自己对生活的不满。有一些爱苦恼的女人，看到别人比自己长得漂亮，看到别人的男友穿华服、开名车，看到别人的孩子听话又聪明，便开始长吁短叹，整日哭丧着脸，没有开心的时候。

她们却忽略了自己所拥有的一切，健康的身体、和睦的家庭、安定的工作、知心的朋友等，而这些也许正是别人梦寐以求的东西。也许人类最可悲的便是看不见自己生命中的美，让欢乐恍然逝去，留下无尽的遗憾。

人，不应该去强求不属于自己的东西，得不到未尝不是一种缺憾美，它会使你永远拥有希望和信心，从而努力不懈地追求。而终日停留在抱怨哀叹中，只能是浪费生命，虚度光阴，毫无意义。

生活，带给我们很多欢笑、很多快乐，我们应该感激生活！

我们应该知足，身体是健康的，我们就已经拥有了人生中的第一笔财富，那些躺在医院里的病人，是多么羡慕能在阳光清风下徜徉的人群啊！

我们同样应该知足，家庭是幸福美满的，这也是上天赐予我们的大恩惠，有关心和支持我们的亲人，使我们知道世界上有一个温暖的地方永远为我们敞开大门，那就是家！

我们应该知足，无论在世界哪一个角落，总有二三知己为伴，即使只是一条鼓励的短信，也能够使我们斗志重生，投入到新的人生挑战中去。

所以，我们不必感叹别人的富裕，嫉妒别人的权势，因为我们的生命中也有很多让别人羡慕的精彩。抛开那些无休止的欲望吧，它只会令你徒增烦恼。只有当你知道自己幸福的时候，你才真正是幸福的人。

现在让我们反躬自省，看看我们是否正深陷其中而不自知。生活有时就像上帝设下的圈套，愚蠢的人们会为了满足自己的欲望而奋不顾身地往里面跳，而聪明人往往会控制住自己的欲望，珍惜自己所拥有的，再寻求新的发展。

可是通常许多人都想不到这一点，常常身陷泥潭而不自觉，常常守着幸福而不知幸福，常常望着世界而不明就里，常常疲于奔波而迷失自我。为了填满自己永无止境的欲望深渊而竭尽全力地追求着，当完成一个梦想后，又会有下一个目标，直至死亡为止。

这些人应该感到惋惜，因为他们为了欲望而放弃了许多应该好好珍惜的东西，可是到最后怎么也体会不到什么是幸福，白白劳碌了一生。他们所缺少的，其实只是一颗知足的心。

知足就意味着淡泊名利，超越尘世的俗欲而得到心灵的宁静。它不是消极、无奈的心态；不是像古人那般隐居一隅或浪迹江湖，醉溪水卧竹林，觅一世外桃源不问世事；也不是遁入空门，悟禅机，远离世间。

知足并不代表从此淡出人生舞台，知足也不是说没了烦恼、矛盾、痛苦和追求，不是躲避，也不是安于现状、停滞不前。知足该是一种积极向上地对待人生得失、心平气和地对待不幸和快乐，做到宠辱不惊。

"达则兼济天下，穷则独善其身"，知足应该是一种了不起的、不为世俗和名利所动的境界。我们可以积极进取和探求，但是内心深处，一定要为自己保留一份超脱，做到知足者常乐。

用心体会，你的幸福也会耀眼

女人一生都在追求幸福，实际上幸福也时刻伴随着我们，只不过很多时候，我们身在幸福之中，往往没有悉心感受自己所拥有的幸福天地。其实，幸福是一种象征，一种自我感受。想做一个快乐女人，就要把握这种象征和感觉。

什么是幸福？法国小说家方登纳在《幸福论》中所阐述的定义是："幸福是人们希望永久不变的一种境界。"也就是说，如果我们的肉体与精神所处的一种境界能使我们想，"我愿一切都如此永存下去"，或浮士德对"瞬间"所说的，"哟！留着吧，你是如此美妙"，那么我们无疑是幸福的。

在生活中，每个女人对幸福的诠释各有不同。许多时候，她们往往对自己的幸福熟视无睹，而觉得别人的幸福很耀眼。然而，尽管她们没有感觉到自己的幸福，但幸福确实存在着，有时候，真实的幸福恰恰不是先求而后得，而是在困境之中与之邂逅的。

一个女人一直抱怨没有鞋穿，见到没有脚的人之后，她因自己的健全而体味到了幸福。

一个失恋者被痛苦折磨得死去活来，她恨命运不济、造物不仁，让自己变为孤独而又畸形的人。但当她见到一个失去双臂的人用脚写字、缝衣服的时候，突然觉悟到丢失心上人比起丢失双臂来实在微不足道，虽失掉了心灵依托，终究还能够重新振作起精神，饱尝青春之甘美、沐浴生命之恩泽。她从振作精神中体味到了幸福。

女人最难能可贵的是明白自己追求的是什么，付出的是什么，从而正确地作出自己的选择，快乐地享受自己的幸福。

从前，有一个公主总觉得自己不幸福，就向别人请教如何能够让自己变得幸福。别人告诉她找到一个感觉幸福的人，然后将她的衬衫带回来。

公主听后派自己的手下四处寻找自认幸福的人。手下碰到人就问："你幸福吗？"回答总是："不幸福，我没钱。""不幸福，我没亲人。"

"不幸福，我得不到爱情……"

就在她们不再抱任何希望时，从对面被阳光照着的山冈上，传来了悠扬的歌声，歌声中充满了快乐。她们随着歌声走了过去，只见一个人躺在山坡上，沐浴在金色的暖阳下。"你感到幸福吗？"公主的手下问。

"是的，我感到很幸福。"那个人回答说。

"你的所有愿望都能实现，你从不为明天发愁吗？"

"是的。你看，阳光温暖极了，风儿和煦极了，我肚子又不饿，口又不渴，天是这么蓝，地是这么阔，我躺在这里，除了你们，没有人来打搅我，我有什么不幸福的呢？"

"你真是个幸福的人。请将你的衬衫送给我们的国王，公主会重赏你的。"

"衬衫是什么东西？我从来没见过。"

幸福是一种心态，一种自我感受，就像上面故事中那个躺在山坡上的人，他连衬衫都没见过，可以说在物质上他很贫困，可是他依然感到很幸福。

在现实生活中，有钱人物质生活优越这是不争的事实，但是有钱人不一定有幸福，更重要的是就算有幸福存在她也感受不到。放弃自己的追求，跟随别人的足迹，就会偏离自己的人生轨道。我们可以追求金钱，但是幸福生活的标准本身并不是由那些富人们定出的。

钱本身并没有错，错的是我们的态度。也许我们终生都不能够大富大贵，但这并不意味着我们在自己平凡普通的生活中找不到幸福，找不到健康的身体、充满活力的心、相亲相爱的家人和志同道合的朋友。

幸福是没有统一标准的。世界上没有完全相同的两片树叶，也没有完全相同的两个人。每一个女人对每一件事物、每一天的生活都会有自己独特的感受。如果我们能够把握幸福这种感觉，我们的生活一定会充满欢乐。

第三章
品味人生，升华灵魂的境界

　　一个有品位的女人，不会在乎人生的功利，她们为自己营造一份平和的心境，随遇而安，不强求身外之物，不愤世嫉俗，面对物质的诱惑、世俗的刺激，处之安然。

　　女人的品位是真挚的博爱和慈善的宽容。女人的品位是浓郁的书香和美的诗韵。女人的品位是画，女人的品位是诗，女人的品位是乐曲。一个女人有了高尚的人格，她的品位必然高雅清新，焕发青春活力，生活必定多姿多彩，充满阳光……

知性的女人，愈品愈香浓

知性女人可以没有羞花闭月、沉鱼落雁的容貌，但她有优雅的举止和精致的生活；知性女人也许没有魔鬼身材、轻盈体态，但她重视健康、珍爱生命，知性女人兴趣广泛，精力充沛，保留着好奇的童心，在瞬息万变的现代社会中，她总是出现在变化的前沿。

隐含的奢华，明净的优雅，静谧的吸引，我们这样诠释"知性女人"。如同优雅，知性是成熟女人的专利。经历多了，故事也有了，这便是财富。有了这些财富，女人的心便少了许多茫然和焦躁，无意中流露出一种岁月历练后的美丽与智慧。

成熟并非知性，知性的女人还必须自信、大度、聪明、睿智。

女人似水。年轻靓丽的女孩，好比山涧里欢快奔流的小溪，活力四射，而那些人到中年婉约有致、内涵丰富的女子，则像宽阔平稳的江河：虽然落红少了，色彩淡了，可积淀多了，韵味足了，她的每一条波纹、每一滴流水声，都让人心醉！

知性女人感性却不张狂，典雅却不孤傲，内敛却不失风趣。知性女人虽算不上天姿国色，但却都很有才情，而且温和、清爽、真实，飘散着温润的芬芳，愈品愈香浓，其中不仅有藏不住的妩媚动人的女人味，还沁出了淡淡诗情……

知性还和年龄有关。30岁之前，是张扬的、单薄的；30岁之后，是内敛的，是饱满的、丰富的。知性和阅读有关。对书的钟爱，能让女人收获思想，收获人生感悟，从而可以从容地观察世界。

知性除了标志一个女人所受的教育以外，其实还有一层更深刻的意义，应该是女人特有的一种气质，它源于女人所受的教育和环境，可又并非哪一个看上去文静一些的女人就都可以被称之为知性的。

知性必然是一种积累，知识的积累，生活的积累。一个知性的女人，她身上必定具备很多令你耐心琢磨的东西，绝对不会是一望即知，甚至有的是你搞不明白的。

有的女人学历并不高，但她经过了生活的历练，积累了很多的知识，并且做到了融会贯通，那也是一种智慧，她身上有一种通达事情的明白和清醒，所以完全可以称为知性女人。

知性女人在面对生活中的问题时总能有很高超的技巧去解决。她能在经历了某件事后，从中吸取教训。并不是所有的女人都是生活中的高手，有些女人可以在失败中汲取经验教训，学会进步，而有些人却一再地失败。

知性能给女人带来更加宽阔的天地，即便是没有婚姻，没有爱情，可她们的生活一样可以那么精彩。因为知性，她们的思维空间会更广阔。能够做到自我满足的女人，应该是一个更加完美的女人。

知性女人的优雅举止赏心悦目，待人接物落落大方，她用身体语言告诉你，她是一个时尚的、得体的、尊重别人、爱惜自己的优秀女人。她的女性魅力和她的处事能力一样令人刮目相看。

知性女人，微笑留香。平凡的你我，只需抬头微笑，就可将人生中的遗憾或心愿变成圆满，变成欣慰。

优雅女人，让人回味无穷

写下"优雅"这个词，仿佛就看到一个三十几岁的女子款款走来，施着淡淡的粉黛，穿着得体却不时髦也不落伍的服装，让人不由为之一亮。

优雅是一种恒久的时尚。优雅的女人像茶，品尝过后是令人回味无穷的芳香。优雅的女人又像一口井，她的魅力是越挖越多的，不是别人"一目了然"的，她会留给别人无穷的想象空间。

当优雅成为一种自然气质时，这位女性一定显得成熟、温柔又善解人意，无须太多的言语就能与你进行心灵的交流，达成心灵的默契。

喜欢优雅是因为优雅其内在与外在的含义。优雅不是故作姿态装出来的，伪装只能伪装一时，而优雅是一个人性情气质的自然流露。

喜欢优雅，当然也喜欢现实中与文学中那些优雅的人物。《红楼梦》里开头描写林黛玉有一句诗：气质美如兰。同兰花的气质一样美，那是什么样的气质？其实不看小说，单凭这一句，我们就可以知道林黛玉的优雅了。这样的优雅有杜鹃泣血为证，这样的优雅让人驻足叹息、心也为之疼痛。

还有一个优雅女性，她是现年九十多高龄的知识女性杨绛女士。杨绛学贯穿中西，和钱钟书一样视钱财如粪土，她与钱钟书一起，辉映着20世纪中国的知识界与文坛。

在相继失去两位亲人后，九十多岁的老人仍能心境平和地著书立作，写下感人的《我们仨》。由此可见支撑她的是什么样的精神血脉。这样的优雅让人感到无比渺小，并逼人自省。

世界上还有一个让所有女人尊敬与仰慕的人，她拥有一个优雅的金牌，她就是香奈儿。是的，就是拥有这个名字的女人创造了那么多奇迹，不光为她自己，还为众多的女性。

香奈儿系列香水和香奈儿服装典雅、简约的美感是那么无与伦比。值得一提的是，香奈儿是一个极优雅的女性，浅黄色的头发温柔地盘在脑后，颀长的脖子，一件宽松的针织罩衣，这样的优雅，让人觉得可爱也可敬。她让女人们懂得了自尊与自爱，更懂得了工作着的幸福与独立的价值。

女人是无法抗拒岁月的，风花雪月的美好岁月总是昙花一现，来去匆匆，岁月的流逝对每个女人都一律平等，这种渐进的过程会埋没女人的青春、风华和美貌，让你空留悲叹。

而有一种东西却与年龄无关，她会随着生命的阅历而日渐丰厚，随着年龄的增长而更具内涵，她的名字叫优雅。是的，一个优雅的女人，仅仅拥有美好的外表是远远不够的，她更需要坚实的内在因素做后盾，这就是良好的文化修养。

如果忽略内在的美而一味追求外表美，这种美是很脆弱的，是没有生命力的，是达不到优雅的境界的。

想一想，每个女子都有过如花似玉的年华，特别是美貌的女孩，在这段黄金的青春岁月里，可以任性，可以骄傲，但不可以放纵，也不可以挥霍，因为青春是稍纵即逝的。如果不充实自己的内心，随着岁月的流逝，当你不再拥有年龄的优势对，任凭昂贵的时装、精致的化妆都掩盖不住岁月的痕迹。

相反，一个相貌普通的女子，一个不断学习的女子，气质随着时间日渐美好，她那得体的装扮，优雅的举止，丰富的见识，谦逊温和，从容地面对岁月的流逝、生活的沧桑而不惊惶失措，时刻笑对人生，这样的优雅女人才是不会老的。

读书的女子，灵魂有香气

塞缪尔·斯迈尔斯在《自助》中说："人如其所读。"一个女人的气质，智慧，还有修养，都是和大量读书分不开的。读书能使女人懂得生活，珍惜时间，爱惜生命。

读书，可以让女人的灵魂得到升华，可以散发出一缕缕知性的香气，不会让女人的魅力因时间的侵蚀，变得暗淡，反而会使女性的美丽愈久弥香，诱惑更足。

读书能使女人有更多的机会，更好地把握生命。书可以熨平你心灵上的皱褶，让你忘却烦恼和失意时的不快，重新确立自己的人生坐标，确立新的人生观和价值观，让你焕发出新的勇气和力量。

读书能使女人的素质提高，心灵得到净化，永远保持一颗平常心，保持心理平衡，懂得人情世故、世态变迁，做到知足者常乐，才能用心去体会世间美好的东西。读书的女人懂得珍爱生活，在经济上做到量入而出，合理、科学地安排生活，不攀比物质上的享受。在与人相处上，她们能保持和谐的人际关系，不惹是生非，不妒能嫉贤，心胸豁达。

在纷繁复杂的世界中，女人要做到眼花心不花，有自己的做人标准、处事方式，识别真假是非的能力，要处理好各种关系和矛盾，在市场经济大潮中游刃有余、不被淘汰，要保持良好的心态、情绪和状态，发挥半边天的作用，要融入滚滚的社会洪流之中而不被淹没，女人只有爱读书，多读书。

你不需要成为一个学究派的女人，但是你需要知识营养来培育你的气质。前者可能古板，但后者必定生动。你可能受过相当的高等教育，但是这不等于可以吃一辈子老底。

知识社会更新越来越快，而每天的生活越发让人目不暇接，坐吃山空的后果是坐以待毙，很快也会变成一个营养不良的"生锈"女人。当你到了一定阶段发现知识结构不够好，需要相关背景的知识来充实自己，拓展知识面的时候，你就已经到了非学不可的地步了。

你未必需要硕士、博士文凭，但你至少应该每天多读书、看报，或者上网浏览、交流，或者欣赏一部出色的好电影，或者翻阅一些出色的时尚杂志，或者学学电脑和英文，这些都是丰富自己的生活，使自己的气质变得优雅的途径。只有不断增加营养，女人才能在炫丽的生活中游刃有余、潇洒自如，生活也将因此更加丰富多彩。

而读书本身对于女性而言，也是极为靓丽的装点。阅读的女人，是美丽的女人。试想一下这样一幅美丽的风景：一位长发飘飘、身穿连衣裙的女人怀抱一本书缓缓走出图书馆，另一只手放在额头梳理被微风吹乱的秀发。该是多么的知性和优雅。

爱读书的女人，不论她走到哪里都会是一道美丽而耐看的风景。她可能貌不惊人，但是一种内在的美却使得她明艳照人。不俗的谈吐，大方的仪态，不管到哪里都会让人瞩目。漂亮的容貌已不再是女人独傲群芳的武器，花瓶式但言语无味的女人也不再受欢迎。

相反，有一些女人，虽然衣着普通、素面朝天，但走在花团锦簇、浓妆艳抹的女人中间，反而格外引人注目，因为从她全身洋溢出来的气质、言语间流露出来的修养，使她显得格外与众不同。这种女人无一例外都是因为"腹有诗书气自华"，书是她们经久耐用的时装和化妆品，使她们焕发出异样的光彩。

知识所能够弥补女人先天不足缺陷的程度远远大于人们所能够想象到的地步。有人曾说，读书的女人让人看上去总是很美的。女人看书的样子，平静、恬淡，仿佛世界一下子都变得美丽起来。

人生在世，吃山珍海味是一种享受，读一本振聋发聩的书更是一种享受，前者只能饱一时口福，后者却会让你终身受益。

高尔基说：请爱好书吧，它将使你的生活变得容易，它将友爱地帮助你了解感情、思想、事变的各个方面和复杂的混合。书籍中的知识将教你尊敬别人和你自己。它将带着对于世界和人类的爱的感情，给予智慧和心灵以羽翼。

一个人如果没有知识，大脑就会逐渐麻木，就会像没有水源的土地，不久就会成为沙漠。女人不读书、没有知识就会变得无知、粗俗，就会被时代所抛弃。

西方还有一本专门谈论女人的小册子叫《猫》，里面说："若是一个女人看书从来不看第二遍，只因为她'知道里面的情节'了，这样的女人绝不会成为一个好妻子。如果只图新鲜，全然不顾风格和韵致，那么过不了些时候，她就摸清楚了丈夫的个性，他的弱点与怪僻处，她就会嫌他沉闷无味，不复再爱他了。"

男女虽然有别，但是，在看书这件事上男女是不该有什么分别的。男人可看的书，女人都可以看，比如文学、哲学、戏剧、军事、政治、传记、历史等等。

作为一个女人，她的生存空间比男性的狭小，所以更需博览群书，放眼世界、以明己知世，有效汲取最充足的养分，培养一颗属于自己的独特心灵，而后过上自己想要并适合自己的生活。

"读史使人明智，读诗使人聪慧"。夜晚来临，洗尽铅华，泡一杯香茗，亮一盏台灯，摊开桌上的人生，品酌精致的文字，体味字里行间的欢乐与沧桑。这种快乐与自由地翱翔，仿佛驾乘心灵之舟，驶入一个静谧的港湾。原始的寻觅，深刻的思考，恍惚间融入了那感情的悲欢离合，那命运的跌宕离奇，那追求的孜孜不倦……敏感的女人在此时最易宣泄深藏的心曲。

但女人必然有着和男人不同的阅读兴趣。在《围城》一书里，方鸿渐到介绍的对象张小姐家去相亲，因为好奇而想看看张小姐看的是什么书，竟然发现是《如何抓住他的心》一类，不由一笑。美容手册、瘦身手册、菜谱等等的书，必然是每一个女人都会去涉猎的，这里略去不谈，以下是一些能增添女人由内而外的美的书单。

西蒙娜·德·波伏娃的《第二性》被誉为"有史以来讨论妇女的最健全、最理智、最充满智慧的一本书"。女人与其说是生就的，不如说是逐渐形成的。生理、心理或经济，没有任何事物能决定女性在社会中的表现形象。决定这种介于男性与阉人之间的，所谓的女性气质的，是整个文明。

《写给女人》是戴尔·卡耐基的夫人陶乐丝·卡耐基的成名之作。她总结出10条建议：发展勇气、自信；在家中、社交生活及任何民间的或商业活动中，有效地表达自己；锻炼能力及注重自己的外表；提高自己的会话能力；扩大自己的兴趣及发展自己的人格；记住他人的姓名、面孔及兴趣；充实自己的生活，使自己的家庭生活更愉快；试着与人和谐相处，并为自己及丈夫赢得更多的朋友；提高自己对爱的标准，不要成为丈夫背后的女人；最重要的是热诚，热诚绝无任何替代品或复制品。

从女性的角度去解读《红楼梦》，里面各种类型的女性的身上包括了世上所有女人的性格因素，如果你在其中找到了自己身上的一些共同点，那么你与一部作品的共鸣就是这样简单地产生了。

英国女作家夏洛蒂·勃朗特的《简·爱》恰似一朵美丽的花，即使凋谢了，记忆中仍久久地萦绕着它的芬芳，挥之不去。体味简·爱对爱情、友情以及独立、平等、自信等的理解和实践，从她身上，女人看到了自尊、独立的希望。

女人必须有独立的人格，自尊自爱，不依附于其他人，才可以赢得别人的尊重和爱，才会有真正的幸福。

《居里夫人传》是居里夫人的小女儿艾芙·居里在母亲去世3年后写成的。该书详述了居里夫人的一生，也介绍了其丈夫埃尔·居里的事迹，着重描写了居里夫妇的工作精神和处事态度。这是一本很翔实的个人记录，也不失为一本励志类的教育科学启示录。

王实甫的《西厢记》、杨绛的《洗澡》、舒婷的《致橡树》、泰戈尔的《泰戈尔诗集》、伊莎多拉·邓肯的《自传》、玛格丽特的《乱世佳人》等，都是女性成长过程中的必读书。

女人平时也可以关注一些时尚报刊，如《世界时装之苑》《时尚》《上海服饰》《女友》等。因为，如果你整日来往于办公室、家庭，"两点成一线"，没有很多时间去逛街，或者即便有时间，要独自去领悟并紧紧把握住潮流趋势也是件不容易的事，那么，从这些时尚杂志中了解时尚潮流便是一个好途径。

你不必要照搬、照套那些杂志所推荐的最新款式，但了解其精髓，并加以自我创造是现代女性打扮自己的最佳方式。其实，每一本杂志就是一个现代社会的缩影，打开它，就像是打开一个流行世界的窗口，由此，你能了解到走在社会大众前沿的人们的新生活方式，了解他们的新观念，了解这个世界瞬息万变的影像。

当你还在回味曾经镜子中的美丽，执着于用脂粉修饰憔悴的脸颊的时候，试着多花时间读书吧。日子要一天一天地过，书要一页一页地读，读书的效果并不能立竿见影。书的效应如细雨，要在一年、几年甚至一辈子坚持不懈地阅读中突现出来。

书籍细无声地滋润着女人的心灵，为心灵的港湾留下一片宁静。书在心中点亮一盏明灯，让女人有更多的希望，并向着希望的方向展翅飞翔。即使容颜逝去，举手投足中的优雅气质仍会让女人如同脱俗的玉兰，散发着沁人心脾的香气。

读书的女人，乐于思考，勇于决断，充满自信地把握自己的人生。书如明灯，女人心怀理想，纵然孤身漫步，也不会寂寞和孤独。读书的女人，智慧不光只为自己添加，她的智慧、修养还能给孩子良好的熏陶，给爱人最大的理解和包容。这样的女人，她的魅力是不会轻易随着红颜而消逝的。

茶韵酒香，品一番多味人生

有品位、有情调的女人，一定懂得一些最基本的饮品学问。最基本的就是茶与酒。对于酒，女人不一定要能喝，但一定要会品，品酒的味道，品酒的文化，做个酒般的女人。

酒是性情的水，茶是有思想的水。酒很浪漫，茶很古典。一个飞扬，一个优雅；一个奔放，一个内敛。或许可以这样比喻：酒，拥有风情之美；茶，拥有韵味之美。

故而，会品酒的女人是风情万种的女人；会品茶的女人是气韵优雅的女人。酒与茶，好比人生，浓烈与淡雅之处，激情与幽情之间，爱恨情仇，悲欢离合，一切尽在不言中，沉醉、悠扬……

我们先来说说茶。我国古人曾以"苦而寒"为由，将茶弃之不理。但谁能想到，经过千百年的演变，喝茶竟成了一门艺术！人们最开始对饮茶的认识，主要限于药用、解渴、解酒、养生等功能性方面。随着历代饮茶风尚的改进，粗放式大碗喝茶逐渐转变为优雅式的品饮，喝茶便逐渐成为一种人皆推崇且情趣盎然的艺术享受。

茶是一种健康饮料，它含有丰富的维生素与矿物质微量元素，含有茶多酚等独特成分。会饮茶者必是至情、至性、至趣之人。茶可入世，柴、米、油、盐、酱、醋、茶，与生活息息相关，喝茶有种衣食不愁的踏实感；茶亦可出世，琴、棋、字、画、诗、书、茶，不带半点烟火气。

休闲时代的品茶人，个性率真，化繁为简，在生活中游刃有余，关爱天地万物，在品评中积极主动地不断更新知识。一个平常的小人物，关注自己所生存的星球，面对纷乱的世界，保持一份平常心，即使过着量入为出、略有结余的平淡生活，因为有所关注、有所思索，从而使自己融入时代，成为新世纪生活的弄潮儿。

一个乐于花时间去泡茶、品茶的女人，她的意蕴一定和沸水泡出来的茶一样，深厚甘醇，清香缭绕，耐人寻味。

　　说过了茶，我们再来谈谈酒。酒可助兴，可解忧，可治病，可去乏，如今休闲时代，喝酒会给人带来一种非同一般的感觉。"斗酒诗百篇"，中国是一个具有悠久酒文化的文明古国。历朝历代，我国的风流才子都与酒有不解之缘。而遍布全国的名酒，如珍珠一般，为我国的酒文化写下了光辉的一页。

　　饮酒要饮出酒中的深味，往往意不在酒而在酒外。三两知己把盏小酌，论时事、谈旧闻、说古今、道天地、叙友情、品字画、听音乐，醉翁之意不在酒，悠品人间真味，漫数历代风骚，把酒临风，怡性忘情，实乃休闲生活中的一大快事、乐事！美食配美酒，怎样喝酒，每个人都有自己的习惯。

　　但美食家告诉我们一条不成文的规定：吃中国菜时尽可能选用中国酒，吃西餐时尽可能选用洋酒。

　　如果是比较正式的宴会，那么在正餐前，餐前酒是必不可少的，也就是所谓的开胃酒。在我国，最普遍的开胃洋酒是产于意大利的金巴利酒，它迷人的红色象征着意大利人的浪漫与激情，人们喜欢用它配以橙汁或加冰块，那美妙的余味能使人胃口大开。

　　转入正餐后，通常是根据宴会食谱的安排及档次来提供酒水，其中最不能缺少的便是红、白葡萄酒。想必它们的加盟，更能创造温馨的气氛，营造和谐的环境。

　　一般说来，葡萄酒都是跟晚宴的佳肴相配合的。如果晚宴以海鲜为主，多数人喜欢喝一些白葡萄酒，以增加海鲜的鲜美味道；如果晚宴以肉食为主，那么配以红葡萄酒更为美妙：一来可以暖胃，二来可以提高肉类的鲜嫩程度，并可去除肉中的腥味。

让心灵，在音乐海洋里徜徉

喜欢音乐的女人是不能用漂亮来形容的，这样的女人必定是多情的、深情的。生活中，一幅至美的画，值得人去细细观赏；一本古老的书，值得人去慢慢品味；一段陈旧的往事，值得人去淡淡回忆；一个美丽的传说，值得人为它流泪；一部感人的电视剧，一句温暖的话语，一把风雨中的小伞……

这一切都是人生不可或缺的，但是还有一样，是人离不开却又不曾真正拥有的东西，那便是音乐。当缥缈的音乐舞动时，所有的烦躁便悄然逝去了，这便是音乐的魅力，它是人类的精神食粮，它能陶冶人的情操。音乐属于女人，女人也喜欢音乐，喜欢那种幽幽的灵魂，喜欢那种多愁善感。听音乐的女人，能准确地捕捉男人细微的忧伤，所以她们也能得到男人的欢心。

曾经有人说过这么一句话："音乐是女人的公开情人，女人天生与音乐就有一种暧昧关系。"这句话一点儿也不过分，我们甚至可以说，音乐是女人，女人就是音乐。音乐是上天的恩赐，音乐是人类的精华，音乐是情感的交汇。音乐给女人以憧憬、幻想、回忆。音乐的暗示就是给女人生命的暗示。

女人的声音轻柔、圆滑，本身就是一曲动听的音乐，所以女人的音乐细胞比男人多，这是上天赐予的，不喜欢音乐似乎是说不过去的。

女人爱音乐，好像鱼儿离不开水分，花儿离不开阳光。没有音乐的生活，女人会觉得单调乏味，犹如素面朝天参加高贵的化装舞会。

女人常常是为了生活而歌唱，为了爱情而歌唱。看看那些在歌坛活跃的人群，女人往往比男人更多，更有成就。

听歌唱家蔡琴的歌声，很多人为之动容。当她接过2005"亚太榜"十年杰出艺人奖的奖杯时，她不再年轻的笑脸依然灿烂，灿烂如夏花，如恋爱中的少女，因为她喜欢歌唱。听她的歌，让人懂得了什么是寂寞。偶尔，在蔡琴的《你的眼神》里，我们能获得些许安慰。

听女歌手齐豫的歌，你能明白什么是漂泊。许多人都唱过那首《橄榄树》，但很少有人能像齐豫一样将它唱得如此饱蘸感情，那种忧伤与漂泊仿佛身临其境。不要问她为何歌唱，为何孤身一人。因为，她的爱人在远方，她的故乡在远方……

人们经常将美好的事物用音乐来比喻，例如美丽的文字，作家胡兰成就曾经说道："读张爱玲的作品，如同在一架钢琴上行走，每一步都发出音乐。"

阳光透过落地的丝绒帷幔直射进来，映在钢琴上，也映在琴键上修长跳跃着的手指上。于是，指尖便流出文字的味道、流水的清凉、风中落叶的脆响……

钢琴的黑白键如同阶梯般牵引着听众，她的文字，仿佛是天堂。读者通过音乐的门，体味那至纯的宁静与安详；通过美妙的音乐，拥有那甜美的相聚与拥抱；通过爱情的忧郁，品尝那难忘的旋律与亲吻；通过人生的哀伤，感触那寻觅的艰难和痛，咀嚼那真情甜美……

才女张爱玲非常喜欢音乐，她对音乐的理解也非常独特，但是，在她对音乐的描述里，我们似乎看到的不是精致而是粗涩。就像是用放大镜去查看一件上了漆的家具，粗纹是生了根地扎在你心里，那一刻再精贵的漆上在家具上都觉得扎手，真实得毫无顾忌。

她说："女人、音乐，如黑白的影片，一列列恍惚而过。白天、黑夜，生活、休闲，也只有在音乐里放纵自己疲倦的心情。音乐，是女人的消愁之物。"

生活中，喜欢音乐的女人，不一定有妩媚的外表，她们看起来普通而低调，喜欢较深而不张扬的颜色，她们习惯沉默，习惯独处，习惯思考。她们总是出现在很安静的角落，用一杯咖啡抑或一盏清茶相伴午后闲暇的时光，看似波澜不惊的外表下，却隐藏着汹涌澎湃的心，她们的心底流淌着优美的音乐，跌宕起伏，绵延不绝。

音乐，是生活中很好的一种调味品，音乐是天使的语言，它最容易触动人的心灵，带给人至美的享受歌声可以陶冶情操、交流情感，并为生活增添魅力。

女人徜徉在喜爱的音乐中，让所有的喜怒哀乐在音乐中升华，所有的芬芳妩媚在音乐中飘洒，当音乐声响起，这个世界所有的喧嚣都已不在，只有一片宁静的恬淡。

曼妙舞姿，奏起优雅的旋律

舞会是一个高雅的社交场所，在这种场所里的女性，通常都是优雅而得体的。如果一个女人去参加舞会而不注意修饰自己，甚至有些不修边幅，那可就不仅仅是个人素质问题，还会被他人认为是不尊重别人的表现。

因此，如果你打算展示出自己的风采，成为舞场上魅力四射的公主，就要懂得舞会的礼仪，具体有以下几个方面：

第一，良好的个人形象。参加舞会时，必须先进行必要的、合乎舞会要求的个人形象修饰。修饰的重点主要有三方面。

一是服装。舞会的着装必须干净、整齐、美观、大方。有条件的话，可以穿格调高雅的礼服、时装、民族服装。若举办者对此有特殊要求的话，则须认真遵循。

在舞会上，通常不允许戴帽子、墨镜，或者穿拖鞋、凉鞋、旅游鞋等。在较为正式的民间舞会上，一般不允许穿外套、军装、工作服。穿的服装过露、过透、过短、过紧，既不庄重，也不合适。

二是仪容。参加者均应沐浴，并梳理适当的发型。女士在穿短袖或无袖装时须剃去腋毛。特别需要强调的有两点：一是务必注意个人口腔卫生，清除口臭，并禁食带有刺激性气味的食物；二是身体不适者应自觉地不参加舞会，否则不仅有可能伤害身体，还会影响大家的情绪。

三是化妆。参加舞会前，要根据个人的情况，进行适度的化妆。女士化妆的重点，主要是美容和美发。舞会大都在晚间举行，舞者肯定难逃灯光的照耀，与家居妆、上班妆相比，舞会妆允许相对浓一些。化装舞会也同样讲究美观、自然，除非舞会有特别说明否则切勿搞得怪诞神秘，令人咋舌。

第二，邀舞的礼节。对于一个注重社交的女人来说，交谊舞是一门不可缺少的"必修课"。参加舞会向别人邀舞时要注意的礼仪主要有以下几点：

一是男女即使彼此互不相识，但只要参加了舞会，就可以互相邀请。通常由男士主动邀请女士共舞。

二是在正常情况下，两个女性可以同舞，但两个男性不能同舞。

在欧美国家，两个女性同舞，是宣告她们在现场没有男伴；而两个男性同舞，则意味着他们不愿向在场的女伴邀舞，这是对女性的不尊重，也是很不礼貌的。

三是如果是女方邀请男伴，男伴一般不得拒绝。音乐结束后，男伴应将女伴送回原来的座位，待其落座后，说一声："谢谢，再会！"方可离去，切忌在跳完舞后，不予理睬。

四是邀请者的表情应谦恭自然，不要紧张和做作，以免使人反感；更不能流于粗俗，如叼着香烟去请人跳舞，这将会影响舞会的良好气氛。

第三，拒舞的礼节。拒绝邀舞也能表现出一个人良好的思想修养和高雅的文化素质。应注意的礼仪如下：

一是一般情况下，你不应拒绝男士的邀请。如万不得已决定谢绝，必须态度随和，表情亲切地说："对不起，我累了，想休息一下。"或者说："我不大会跳，真对不起。"对方当然心领神会，不会强邀蛮缠。但在一曲未终时，你应不再同别的男士共舞，否则会被认为是对前一位邀请者的蔑视，这是很不礼貌的表现。

二是如果你参加舞会时自带舞伴，当你们跳过一场或几场之后，如果有别人前来邀其共舞，你应开朗大方，促其接受。你的舞伴也应有礼貌地接受。

三是如果有两位男士同时邀请你共舞，应都礼貌地谢绝。如果同意与其中一位共舞，对另一位则应表示歉意，礼貌地说："对不起，只能等下一次了。"

四是当你拒绝一位男士的邀请后，如果这位男士再次前来邀请，在确无特殊情况的条件下，应答应与之共舞。

　　五是如果你已经答应和别人跳这场舞，应当向男士表示歉意说："对不起，已经有人邀请我跳了，等下一次吧。"

　　第四，舞会上的风采。所谓风采，指一个人由其言谈举止和作风等方面体现出来的美感程度，是一个人外在美与心灵美有机结合的自然流露。舞会的风采，主要由人们跳舞时的姿态与表情构成，最佳风采应当是姿态优美端庄，表情明朗温和。

　　无论公关性质的舞会，还是其他社交性质的舞会，令人赏心悦目并加以赞许的最佳舞者的风度具体表现以下方面：

　　一是表情自然，举止文明。舞会的音乐、灯光、气氛都营造出一种温馨浪漫的情调，所以在跳舞时的神情姿态也应轻盈自若，充溢着欢乐感。面部表情也应谦和悦目，柔和宁静，整个身心都显得自然、轻松和愉悦。

　　跳舞过程中可与舞伴进行适当交谈，交谈内容以轻松的话题为宜，比如舞厅装饰的艺术效果、舞曲的旋律、歌手的演唱等。应有意避开工作、经济效益、复杂的人际关系或病丧一类的沉重话题，以免影响舞蹈的情趣和舞会的效果。

　　交谈应简短并选择舞曲较为轻柔时进行，声音不可过高，更不能旁若无人地大声谈笑。舞曲激昂处要避免交谈，否则便会不自觉地加大音量或者出现因听不清楚而将耳朵贴到对方的嘴边等极不文雅之举。

　　二是舞姿端正规范、大方活泼。跳舞时，整个身体要保持平、正、直、稳，无论进退或是左右移动，都要掌握好身体的重心。如果重心不稳就会导致身体摇晃、肩膀高低不一、舞步不和谐，甚至踩了舞伴的脚，这样舞姿就会变形走样，既影响自身形象，也会给舞伴造成伤痛。

起舞的正确姿态应是抬头挺胸，双目平视前方，收腹挺拔，使身体重心向下垂直呈平正挺拔状。男女双方相向而立，相距20厘米左右；男士向左上方伸出左手，女士向右上方伸出右手，使手臂以弧形向上与肩部呈水平线；男士掌心向上，拇指平展，将女士掌心向下的右手平托住，而不是随便握住或捏紧；男士用右手扶着女士的腰部，女士的左手手指部分只需轻轻落在男士的右肩头即可，而不应把手贴在男士的后肩或是勾住对方的脖颈。

跳舞时双方的身体应保持一定距离，距离的大小往往由舞步决定。无论哪种舞步，动作要尽可能舒展协调、和谐默契，以展示舞蹈的美感与魅力。

纸上艺术，陶冶高雅的情操

美术是人类创造的一种精神产品，是最神奇的纸上艺术。它有别于听觉艺术的音乐、语言艺术的文学，是具有造型性、可视性、静态性、物质性的一种空间艺术。

正因为有以上基本特征，美术作品首先应该是可以被人感知的，它是能引起人们感官注意的空间艺术形式；其次，它通过其物质媒介向人们展现一个静止状态的相对理想的客观世界，进而触发人们二次创造的特定的情感情绪。

提升美术素养对于女人是大有裨益的。懂得欣赏绘画作品的女人，不一定有出众的外表，但绝对有超凡脱俗的魅力，这种魅力源自那种行云流水般的神态，以及那雍容华贵的美感。女人若能将绘画的神韵融入自己的言谈举止中，定能焕发出与众不同的光彩。下面，简单介绍中国的美术：

第一，中国画的内容。中国画，是我国特有的画种，由于民族性格、历史文化传统、审美以及绘画材料和工具的不同，是经过无数画家的努力形成的、带有民族特色的画种，是世界艺术中的重要组成部分。

中国画讲究形式美，要求作品有"形神兼备""气韵生动"的艺术效果。同时还十分重视用笔、用墨，构图不受时间、空间的限制，也不受焦点透视的束缚，画面空白的运用独具特色。中国画强调诗、书、画、印所构成的完美的艺术整体效果。

中国画从题材上分为人物、山水、花鸟三类，从表现形式上可分为工笔、写意两种。中国画用生宣纸、毛笔、衬纸、笔洗、调色盘、书画墨汁、国画或水彩颜色。中国画的用笔主要有以下几个方法：中锋、侧锋、逆锋。此外，还有藏锋、露锋、散锋、聚锋等多种用笔方法。墨分五色：焦、浓、重、淡、清。中国画用墨有"墨分五彩"之说，即焦墨、浓墨、重墨、淡墨、清墨。中国画根据笔含水分的多少，又有干湿之分，归纳为干、湿、浓、淡四个字。

第二，怎样欣赏中国画。画工：画家的作品可表现出作者的成就。画面的形象，就是画工的具体体现，我们往往主观批判该画的好与坏，就是受画工的影响最大。

布局：布局看来似是画面的设计，其实是作者胸怀中的天地，从画面布局中表现出来。中国画与西方绘画不同的地方甚多，最明显之处就是"留白"，国画传统不加底色，于是留白甚多，而疏、密、聚、散称为留白的布局。在留白之处，有人以书法、诗词、印章等来补白。亦有让其空白的，故从布局可见作者独到之处。

书法：中国画与西方绘画不同之处，其中一项就是书法。国画画面上常伴有诗句，而诗句是画的灵魂，有时候一句题诗如画龙点睛，使画生色不少，而画中的书法，亦影响画面至大。书法不精的画家，大多不敢题字，虽然仅具签署，亦可窥其功底一二。

诗句：字画中的诗词，往往代表主人的心声。一句好诗能表现作者的内涵和学识，一句好诗亦能起到画龙点睛的作用。

学识：功力及布局可以从画面窥其一二，至于作者的学识，对其作品影响很大，故中国有"文人画"之称。著名文人，其作品与众不同，就是一种"书卷气"。画家于画匠之别，学识是条件之一。

人品：西方画家往往浪漫不羁，游戏人间。而欣赏者只观其画而不理画家的私德。中国人不同，画家或书法家如行为不检、道德败坏、声名狼藉、大奸大恶者，即使其作品十分精美，亦无人问津。

功力：从事书画修养越久的人，他表现出的功力，是初学者无法掌握的。尤其是书法，老手多苍劲有力，雄浑生姿。在国画方面，其线条、设计、意境亦表现出作者的功力。所以，人生经验丰富的艺术家，其作品往往较年轻画家有不同的表现，这就是功力。

印文：无论字或画，常有"压角"的闲章出现。所谓闲章就是画面或书法留白的角落。而印上的文字，有时影响字画甚大。从印文中也可看到作者的心态，或当时的环境。好的印文，配以好的雕刻刀法，盖在字画上，使作品更添光彩。

培养花草，让生活充满情趣

养花草不但可以点缀生活、陶冶情操，还可以给生活增添一份悠然自得的情趣。

情趣反映着女性的生命活力与生活基调。一个懂得为生活增添情趣的女人是智慧的女人，是懂得生活的女人。一个有情趣的人不仅对未来充满向往，还可以提高现在的生活质量。

不少女人在婚后将情趣几乎全部转移到孩子、老公、家庭的生活琐事上，忽略了自己的发展。诚然，家庭生活需要井井有条，孩子需要健康成长，但在"生活料理"的同时，"心理哺育"却是万万不可忽视的。一个整天唠唠叨叨的主妇，即使再勤快，也不会创造出和谐美妙的家庭环境。

平淡的生活很多时候是需要特意营造一些浪漫的氛围的，而女人应该是营造浪漫的高手，能够营造浪漫情趣的女人有着长久的魅力。女人年轻时，容貌似乎是重要的，但永远一直最吸引人的却是女人的情趣。一个有着生活情趣的女性，其魅力可保持终身。

在共同的生活中，男人并不苛求女人在各个领域里能与异性并驾齐驱；男人渴望的是女人与男人有相同或接近的生命活力与情趣。

在忙碌的生活中，女人可以通过养些花草或者小宠物来为自己陶冶情操、增加情趣、带来快乐。

女人如花，懂得在自己的生活空间里摆弄些花草的女人是懂得享受人生的。百花丛中，女人是花的主人，更是花之魁首。女人的世界里，花是女人的慰藉，点缀着女人靓丽的生命。

女人如花，花如女人，女人的温婉滋润着花，花滋润着女人的心田。养花也是养性，怡然自得，让心在花中静谧，也许真的能听到花开花落的声音。享受这种来自植物给予的纯洁，感觉一份格外的收获。遥想着将来，听花开花落的声音，相信人生就会分外别致起来，女人的心思也会变得精致了。

世上少有女人不喜欢花，秀是既喜欢花又爱养花的女人，秀说她是土命，种什么都能活。所以花是越种越多，越种越好。

秀的家有一盆君子兰。那是她结婚后的第二年，去先生的单位见一盆君子兰成了他们的烟灰缸，觉得可惜，就把它端回了家。

迄今为止，它已经在她家生活了9年。花株硕大，几年前曾有人在她家阳台上看见过它，以400元的高价收买，秀没卖。

秀说养花久了，她对花也有了感情，会舍不得。如今，它已进入暮年，花期一推再推。尽管如此，它还是每年都开花，让人很感动。秀平素也没精心打理过它，只是每年都给它换土，然后就不去打扰它，让它自然生长。

秀的家里还养了很多落地生根。秀说每当她累了、闷了，就会站在窗台前，找一根牙签，在大的植株旁边扎一些小孔，把小叶子摘下来，种到小孔中。几天后当看到它们茁壮成长的俏模样，心里就十分舒服。

　　没人注意秀的这些小小的举动，但一到春天，她的窗台上就会出现一片繁盛的绿茵。养花使秀更懂得生活，她说她始终坚信：给我阳光我就灿烂得坚韧。

　　养花能够陶冶性情，在很多人看来，养花是很多优雅的女人做的事情，这似乎只说对了一半，不是优雅的女人才能够养花，恰恰是养花能够使平凡的女人变得优雅。

　　当相夫教子、柴米油盐让女人们忙得不可开交时，女人或许没有情绪再摆弄花草了，但是，整洁的房间是需要些绿意点缀的，没有花草的房间里总是缺少点生机。

　　也许你没有闲暇的时间侍弄那些娇贵的—花草，没关系，你可以选择些易养的花种，例如兰草或仙人球。也许它们不能叫花，只是草而已，但那诱人的绿一样能够为小家带来昂然春意。

　　或是买一盆吊兰安置在客厅一角，与白色墙壁交相辉映，阳光照在绿油油的兰草上，那抹绿意便洒满一室，浓浓温馨荡漾其中。一盆小巧的浑身毛茸茸的仙人球摆在卧室里、电脑旁，既点缀空间，又能防辐射，还不用浇水，一举三得。

　　选择一株花草，尝试着把这棵花草植物当成孩子一样去呵护和关爱。与花草聊天，告诉它你有多么的爱它，真心地去爱护它。用花草点缀生活的女人，一定是有着来自大自然的芬芳，与这样的女人相处，生活一定充满着诗一样的甜美和欢乐。

　　情趣是一个优秀女人必须要培养的一种爱好与行为。因为，那些每天只知道家长里短，吃了饭就坐在沙发上看电视的女人，注定在男人眼中是索然无味的。生活中，养些赏心悦目的花草，不仅可以起到修身养性的作用，还可以为自己的生活增添情趣。

走近时尚，让你处处皆品位

随着《品位》与《格调》等一系列读物的面市，"品位"成了一种只可意会不可言传的衡量标准，并成为很多人孜孜以求的境界，在他们中间，谁接近了"品位"谁就获得了人生的最高荣誉，品位究竟是什么呢？我们可以怎样去品位生活呢？下面就让我们共同关注这一问题吧！

第一，艺术欣赏，是品位的核心内涵。很多女人看过王家卫的《花样年华》和好莱坞大片《指环王》后，开始关注中东的电影市场，睁开慧眼欣赏来自阿拉伯世界的伊朗影片，在全球化的大背景下认真体会异域风情、异地文化。而且这种影片不能只靠在家里看 VCD 来解决，要去影院感受环绕立体的恢宏气势。

她们对各种风格的音乐情有独钟，从每个月的薪水里专门划出一部分收藏 CD：古典、乡村、摇滚、爵士等，购置一套音响，准确把握当前乐坛的动向，会哼周杰伦的《千里之外》《菊花台》，买他的专辑，但绝不追星，不关心歌手的私人生活，单纯从艺术角度决定个人喜好。

碰上柏林交响乐团来华巡演时，她们一定抓住难得的机会，无论票价多少，绝对到场，在欣赏过程中，全身心感受，让心灵在音乐中畅游与净化。对待美术也审美独特，布置家居时，挂幅油画，也许不是真迹，但画面内容绝对清宁高雅。

第二，泡吧，让"品位"在夜幕下摇曳。告别了高科技数字，走出办公大楼，不会拖着一身的倦怠直奔自己的床榻呼呼睡大觉，而是不管有事没事，必去泡吧。酒吧、咖啡吧、茶吧，即兴而定，通用的原则是：

首先，强调吧的位置。在北京，酒吧要去三里屯，咖啡吧要去繁华街区的星巴克，不过不是像检查卫生或安全防火似的每间店铺都得莅临，而是挑选一些比较有特色的，如能听到印度音乐，能看到尼泊尔纸浆灯罩，还有穿牛皮鞋的阿富汗女孩子服务的那种连名字都没有的小店。其次，神情悠闲自然。进门之前，满面疲倦，风尘仆仆；进门后，轻松入座，凝视着酒杯、咖啡杯或是茶杯的眼神流露出的是亲切和浪漫的温情。最后，无论何时，对于酒、咖啡或茶的产地、品质、特性都能说个大概。

第三，走进"e"域，使生存方式充满时代感。这是一个靠高科技信息支撑的时代，一个有品位的人要有做 IT 精英的抱负，即使实现不了，也不气馁，转而安慰自己：玩电脑的目的不一定非当上网站的CEO，或成为高级软件工程师，电脑的意义更多地在于便捷快速的互联网。

联络方式除了手机、电话外，还应拥有电子邮箱、QQ 号和微信，这样才不至于太落伍于时代。喜欢在网络世界中冲浪，从网上下载资料、听音乐、看电影、炒股、理财、订购商品……充分享受网络的优越性，喊出"e 时代""网络生存"等口号。

对于网络经济是泡沫经济的言论充耳不闻，始终热爱互联网，成为各论坛的常客，并能时常发表一些颇有影响力的文章。在互联网上的身份通常是大虾、SOHO族等。

第四，热衷财经，在金色海洋中游刃有余。关注全球经济涨落，对纳斯达克、道·琼斯、恒生、日经这些名词的使用达到一定的频率，对各国财经状况如数家珍；可以纵横捭阖地谈论重大的政治事件，比如"9·11"事件、伊拉克战争对美国经济乃至世界经济造成的影响之类。

关注股市动态，出入于交易大厅，但不把发财的希望寄托在股票上，进入股市不过是投资理财，调剂心情，自己的生活状况不会因为股票的跌幅而有所改变，因为不追逐蝇头小利，所以颇能领略股票带来的生活乐趣。

擅长个人理财，在不同的银行开不同的账户，房款、电话费、煤气水电费全部从专门的账号电子支付，替自己买各种保险，以及研究各类经济学知识，即使不从事经济类工作，对金融、财会方面的知识也有一定程度的掌握。研究财经使你的品位在经济方面有了增值的可能。

第五，旅游，为生命增添浪漫。紧张劳碌一周，遇到双休日，就找家野外探险俱乐部去野营。倘若是那种挑战生存极限的，除帐篷、睡袋外只允许带一把刀、一盒火柴、一点干粮的徒步旅游，就更刺激了。遮阳帽、旅游鞋、背包，这些行当一定要专业。

出去野营，不必害怕阳光晒，皮肤黑点才够健康。在游山玩水的过程中，留意身边形单影只的异性是否正需要援助。这样的旅游才算得上浪漫。

至于临近的"黄金周"，两周前就得选好出游地点、出游路线。冬天去海南岛享受日光浴，夏天去承德避暑山庄。出发前，从网上查好到目的地的海陆空最佳路线，通过电话预订好机票、车票、船票以及所要下榻的宾馆，一切应进行得从容有序。

偶尔还会去国外走走，感受异域的风情，最好能去欧美转一圈，亲身体会巴黎的夜景，回来后，带回的纪念品一定要货真价实。新鲜是品位的内在要求，旅游正好符合。

第六，运动健身，让身体彰显品位。运动给品位注入生命的活力。办张VIP卡，每周至少一次光顾健身房。在专业教练的指导下练健美操、塑身、减肥。

不管多么窈窕的女士，对自己的身材和健康都要保持危机感，经常运动，才能享受健美、快乐的人生。打网球，场地要塑胶的，球服、球鞋要NIKE或其他世界知名专业品牌的，球拍用PRINCE的。精通比赛规则，ACE球、破发、占先、抢七等术语解释起来清晰明确，很像是一个专业教练。

高尔夫球也偶尔去打打，充分享受阳光、草地、新鲜空气，老鹰球、小鸟球、标准杆这些词语早就耳熟能详。

第七，阅读。如果女人希望淋漓尽致地流露自己的气质、品位与格调，该怎么做呢？用书籍丰富你的心灵吧！读书有助于增加知识，提升品位，丰富性情，是女人修炼气质的良好方式。书籍的美容，会让一个相貌平平的女人容光焕发，让青春靓丽的女人锦上添花、光彩照人。

女人需要阅读，阅读能造就女人。爱读书的女人，无论到哪，都是一道美丽的风景。书是女人最好的良师益友，一个期待精彩的女人，一定要爱书、读书、赏书，而且越多越好。

第八，布置家居，让一景一物充满情调。周围的环境要鸟语花香得让人心情愉悦，周边要么是高等学府，要么是田园风光；铁门边有魁梧的保安，全天候运转红外线的监控器，居住其中不必为自家的安全担忧；道路宽敞，保证私家车出入自如；ISDN 或 ADSL 能接的全都接上；网球场、游泳池、超市、诊所，应有尽有。

在最能突出个性、玩出品位的房间装饰上得下足工夫。家具用欧式风格的，做工考究，样式优美，色调淡雅，清新简约，既有传统的华贵，又具现代的时尚。将 DIY 的精神充分灌输到家居陈设中，隔三岔五地折腾折腾。

经常翻阅家居杂志，按照上面传授的经验，结合自己的兴趣口味来拓展一下屋子的空间。先把房间里的东西分类，再精简数量，然后把剩下的物品通过计算体积来找到最恰当的摆放位置。将自然情趣带进居室，比如在客厅挂上常春藤，在卧室放盆山百合，以绿色植物来点缀和显示主人的品位。

第九，"全能专家"，在广博中深度挖掘。知识涉猎面广，除了自己借以谋生的职业外，有自己的特长和精通的领域，比如你在广告公司工作，和别人谈起哲学来，也可以从中国的先秦讲到古希腊罗马，从孔子讲到亚里士多德。

你也许不是这一领域的专家，但从来不会让人看到一个窘迫的外行。网球场上的穿戴从头到脚都要专业；喝酒时，白葡萄酒配白肉，红葡萄酒配红肉要专业；发表影评时要专业，谁是第四代，谁是第五代导演要心中有数；客厅里挂着的油画风格要专业，属于古典主义流派还是现代主义流派要区别对待，泾渭分明等。说到底，渊博的知识是品位的底蕴所在，也是最难达到的一个方面。

品位是一个目标，定多高全在你自己，因此，你也许离品位近在咫尺，也许远在天涯。

第四章
勇往直前，向着成功之门奔跑

　　成功的女人会用女性特有的魅力特点，热情地投入工作，抓住闪光的时刻来表现自己，并积极学习，不断给自己充电，等待机会的来临，以寻求更大更好的发展。

　　她们坚定地做自己，将职场达人进行到底，追求一种超乎常人的职场境界，让自己成为职场中一道更为亮丽的风景。

像热恋一样，热爱自己的工作

现代女性，都渴求有一份自己的工作，因为工作除了得到一份工资外，更多的是带给我们生活的意义，让自己充实，觉得有一份价值和自信的感觉。

没有工作的女人总是空虚的，即使她们有活下去的财富；失业的人必然是不安的，因为它不但危及生存，面临三餐不继的不安，同时会造成一种莫名的恐慌。此外，有工作而不肯敬业的人，也会觉得生活失去意义，打不起精神，最后会破坏精神生活，导致生活适应的困扰。

一个女人参加工作，并不在于她能赚多少钱，或获得了什么社会地位，而在于能不能发挥专长，兢兢业业地安心工作，过有意义的生活。

一百个人不能都做同样的事，各有不同的生活方式。生活虽然不同，可是每个人都能发挥自己的天分与专长，并使自己陶醉在这种喜悦之中，与社会大众共享，并且在奉献中，领悟自己的人生价值。而这也是现代女性所期望的。

有人认为工作有"适合时代"与"不适合时代"的区别，说女人只适宜做"夕阳工作"而不适宜做"成长工作"。从某种角度看，也许是正确的。可是，从事于夕阳工作的人，是不是就注定是女人呢？其实不然，只要你肯为工作奉献一颗执着心，无论是什么工作，都是"成长工作"。

　　奉献使一个人工作愉快，有活力。它使人乐于工作，尽心把工作做好，从而获得成功和喜悦。敬业的人一定乐业，乐业的人必然成功。在乏味的被动的情况下，你不可能提高工作质量，也不可能在工作上发挥创意，敬业的人有一种认真的态度和坚持的习惯。

　　古人坚持"一日不作，一日不食"，兢兢业业地把工作做好，把他当作与生命意义密切相关的问题来看待。也正因如此，敬业的女人，也能和成功的男人一样绽放出活力和光彩。

　　工作是历练自己心智、激发精进、提高生活适应力最好的方法。生活离不开工作，工作并不是呆板的机械运动，也不是冰冷的责任分工。工作，它充满了人情、热情、欢情。

　　一个没有人情，缺乏温情，极少热情，不知欢情的女人，她可能工作好，但她很少有朋友，性格孤僻，难以享受工作中那美妙动人的旋律。

　　一位心理学家说，对一个喜欢自己工作并认为它很有价值的人来说，工作便会成为生活中一个十分愉快的部分。享受工作和生活中的愉悦，对于女人来说，尤为重要。

　　女人最不缺乏的是热情，热情是事业成功的老师。你要想大展宏图，应该像热爱恋人一样热爱工作。

心中有规划，让你离成功更近

　　女人有爱整洁、爱打扮的习惯，同时又有操持家务的经验，所以，大凡成功的女人都有一个共同的特点：办什么事都有一个成功的计划。

　　成功需要计划，需要安排，还需要一定的程序。做事的程序通常是志愿、意图、计划、行动、力量、效果。没有雄心壮志，就不会有超越时空的意图；没有超越时空的意图，就不会有无可比拟的计划；没有无可比拟的计划，就没有坚定果敢的行动和力量；没有坚定果敢的行动和力量，就难以取得伟大的效果。从古至今，大事小事皆如此。

　　所以说，计划是行动之母，行动是成功之母。计划中又有按时期、种类的分别计划，国家是这样，个人也是这样。一个人有一生的计划，一年的计划，一日的计划；一件事又有一件事的计划，然后按计划行事，按时计功，自然有所成就。

　　没有成功的人都没有计划，所以有人说："没有计划，就是正在计划失败。"

　　你是否也正在计划失败呢？当然，没有人愿意计划失败，但是，你可能犯了这样的错误：没有计划。

　　成功的人士都善于规划他们自己的人生，他们都知道自己要达成哪些目标，拟订好优先顺序，并且拟订一个详细计划。为什么要拟订详细计划呢？因为计划百密一疏是没有用的。你可能不会被大象踩死，但你可能会被蚊子时到。蚊子就是你疏忽的地方，你的计划一定要详细，要把所有要做的事都列下来，并按照优先顺序去做。

　　许多作家创作作品的时候，规定自己每一天需要撰写多少字数，需要搜集多少资讯，需要查阅多少资料，需要真正具体完成的是多少，把它分割下来，每天固定的时间一到就照着计划进行。

　　你应知道，有的时候没有办法百分之百按照计划进行。但是，有了计划，是提供你做事架构的优先顺序，让你可以在固定的时间内，完成你需要做的事情。

在人生当中，你没有办法做每一件事情，但是你永远有办法去做对你最重要的事情，计划就是一个排列优先顺序的办法。当你把优先顺序排定之后，还要彻底执行，保证成功，不达目的绝不善罢甘休。

今天有很多人在分析未来人生方向的明确性与不明确性，但不明确性到底是指什么呢？为什么会产生不明确的问题呢？

今天的这个世界，的确是看不透将来究竟会有什么变化，什么时候会以怎么样的形态发生什么？谁也不知道，所以在今天是没有办法考虑到未来的，未来是充满黑暗的，这里我们不得不展开我们的工作，这时候就会产生不确定的问题。

解决问题都是以人的意志为主。例如要这样做、要那样做，并不是上天或别人在做决定，而是以自己的意志去实行。这就产生了明确性，因为它确实能变成这样。

成功人士的计划为什么能够一一实现呢？这其中有很多因素，最重要的是，为了使计划实现而彻底实行。如果仅仅是计划或是只有思考，那么什么都不会实现。为了要使计划实现，往往有许多事情应当互相配合，由此而产生了很多问题，如果有耐心地一一去克服，那么计划也就可以实现了。

当然这并不简单，有时候即使在走投无路的情况下，你也要振作起来，鼓起勇气去做，这是不可缺的条件，如果能够这样有耐性的、不屈不挠地努力去做，那么胜利终将属于你。

你虽然起步晚，但只要不畏挫折，坚持到底，照样能够凌驾于他人之上。

千万记住，凡事要有计划，有了计划再行动，成功的概率会大幅度提升，只有行动，没有计划，是所有失败的开始。

你需要什么样的计划？或许你需要的不只是十年的计划，需要五年的计划，你更需要的是每年的计划，每月的计划，每周的计划。

计划是成功的保障，计划是成功必备的条件。成功者都是善于计划的，他们善于开列清单，他们不断地研究他们的清单，不断地为他们的工作做计划，而且，照着他们的计划执行。

如果你是一边走路，一边计划，效果已经大打折扣了，台湾第一位研究神经语言学的激发心灵潜力专家陈安之先生曾经提过：成功者之所以成功，是因为他时间管理的方式和一般人不一样，是因为他在二十四小时当中，跟你做了不一样的事情。这些事情往往不是非常的困难，都是一些简单的事情，然而，成功者把这些事情变成一种习惯，因此，他们的成就总是超越别人。

所以，为了成功，我们需要设立严密的计划。有了严密的计划就有了走向成功的自信心。

把握自我，展现你的才华

许多女性无法在社交场合中说话，以及为自己辩护。女性被教养成温驯以及谦逊的人格。虽然现在时代已经变更，但有许多女性在自我肯定方面仍有问题，同时实际情况阻碍了她们取得成就。

有一名在社会福利院工作的经理想到私人民间企业工作。她对财经特别喜好，于是经由朋友安排，与股市分析师会面，想借此对该行业有些认识。

一开始她成功地以闲谈打破僵局，同时还提出了一些关于财经方面相当具有深度的问题。但当问及她个人的事务时，却显得有些笨拙。

她以一种敷衍的态度描述自己的工作，然后很快地又将话题转到财经领域。事后她颇为自责，觉得自己没能好好掌握机会来展现自我。

积极展现自我传达的信息是聪明、具有才干，同时可以胜任工作。"积极展现自我"，这是一个行为上的专业术语，意指能够用一种舒适、实事求是的态度在允许的范围内积极地充分说明自己的能力与成就。并经由说话的语调、面部表情以及体态语言以增强信息的强度，把所有的紧张情绪和自我怀疑都藏在心中。

这种类型的表现方式能有助于我们所从事的活动。但女性在这方面的表现却总觉得有过多的谦逊和限度，通常都不愿说出自己的成就。就算有时必须要对自己来一番陈述，也对自己的能力和成就说得太简短、太模糊、太被动。

潘蜜拉巴德博士常为一些专业妇女主持一个对心理上要求更有主张和独立思想的训练课程。她照例会让妇女用一种积极、正面的方式来自我介绍。后来她发现这项活动引起了比其他活动更严重的焦躁不安。

造成焦躁的原因是因为自己感觉违反了社会规律，内心衍生出一种模棱两可的感受，觉得自己的行为不合时宜。

曾经有一位从哈佛企管硕士班毕业的女性说："我不太喜欢向别人提'哈佛'，因为我觉得这样做会给人一种夸耀、自命不凡的感觉。"

许多女性害怕自己违反了"吹牛"的规则。有时候男人吹牛是可以被容忍的，但女人吹牛却是不被接受的。因为吹牛是与女性化行为相悖的。不但不够谦逊，还以自我为中心、自私自利。

因为吹牛的行为冒犯了传统的女性化特点，所以其结果便造成了女性强大的心理压力，同时还把积极展现自我与吹牛之间画上了等号，这无疑是异常可怕的。

其实，并不是所有自我提升的话语都是吹嘘。吹牛是在自我提升的内容之外，还加上了恶意以及不适宜的因素。属于一种恶意的竞争心态。

积极正面的展现自我并不会隐含恶意以及不适宜的因素，而是传达自我能力的事实陈述。如果别人请你谈谈自己，你说一些正面积极的事物，这并不算吹嘘。另外，如果在适宜的情况下自告奋勇地展现自己的才华，这也不能算是吹嘘。

自我阻碍、自我矮化，以及过分的谦逊绝不是吹嘘的对立面。这些行为是属于缺乏效率的沟通方式。相反地，有效率的沟通方式就是积极正面地展现自我。

女人总是有内在的倾向，但一个女人她应该是一个能大胆展示自己的人。只有如此，她们的一切潜力方可被发掘出来。

学会争取，机会才会垂青你

机会，从来不会从天而降，机会是恩赐于随时做好充分准备的人，不过，即使缺少机会的"荫庇"，你也要最大限度地争取机会，崭露锋芒。

在一个非常男性化的世界里，女性要想成功，要想升迁，无疑要付出比男人更多的努力。职业女性首先要认识到的就是，职业不过是你的角色之一，不要对自己的心理需求视而不见。遇到困难不要逃避，要知难而上，不可退缩，唯有保持良好的心理素质、提升自己的专业技能才是完美的解决之道。

任何一个企业给予职业女性升迁的机会都比同一公司的男性相对要少，此刻，你务必调整好自己的工作心态，认真而务实地修改自己的职业规划，争取主动出击，为自己创造升迁的机遇。我认为应该做到以下几个方面。

第一，踏实进取，兢兢业业，不焦不躁，充分发挥自己的能力，不忘利用各种机会展示自己的才干，相信只要自己做出成绩来，老板一定会赏识你的。

第二，要善于正确认识前进的目标，并在前进中及时调整自己的目标。要注意发挥自己的优势，并确立适合自己的奋斗目标，全身心投入工作之中。如果在实施过程中，发现目标不切实际，前进受阻，则要及时调整目标，以便继续前进。

第三，应善于化压力为动力。其实，适当的刺激和压力能够有效地调动机体的积极因素，人们最出色的工作往往是在挫折逆境中做出的。

第四，要有一个辩证的挫折观，经常保持自信和乐观的态度。挫折和教训使我们变得聪明和成熟，正是失败本身才最终造就了成功。我们要能容忍挫折，学会自我宽慰，要心怀坦荡、情绪乐观、奋发图强、满怀信心地去争取成功。

第五，遇到挫折时应进行冷静分析，从客观、主观、目标、环境、条件等方面找出受挫的原因，采取有效的补救措施。

第六，出色工作，改变花瓶印象。容貌较好的女性很容易被人当成花瓶，所以在工作中更要加倍努力。善于表达自己的观点，树立明确的工作态度，勇于承担责任，用事实说话往往胜于雄辩。

当然，机会对每一位同事来说都是平等的，而你更应该调整好自己的心态，处理好与同事之间的关系，这是相当重要的一个环节，这样，升迁的机会说不定会主动找上你。

在工作中争取机会的同时，有几点忌讳和要求也一定要注意：

首先，不要和同事有过密私交。通常朋友是我们在遇到困难时第一个想到的人，但是再好的朋友一旦碰到利益的纷争，势必会产生矛盾。平常过密的私交可能会为自己埋下定时炸弹，遇到利益相冲时，甚至会产生严重的心理伤害。

其次，尊重领导还需努力沟通。不少女性由于害怕被别人说闲话而远离男性领导。其实，适当的沟通无疑能为你的工作营造良好的环境。当然，与领导的接触最好选择在工作时间，比如共进午餐时。

最后，修饰自己也要赞美别人。职业女性的外表修饰无疑是每天良好工作的开端，恰当的服装、典雅的妆容不但能调节办公气氛，还能营造美好的心情。在扮美自己的同时，也不要忘记赞美身边的同事，不要怕肉麻，其实大家都需要一点点赞美。

而当我们只有一个升迁的机会，参与竞争的却有好几个人时，你会怎么办呢？退缩、放弃，还是拼命争取？其实，最好的办法是不动声色，做自己该做的事，这样，机会反而会垂青于你。

解放思想，跟上时代的步伐

女人在职场中的成就，真的像通常被认为的那样，无法与男人的功绩相提并论吗？真的吗？肯定不是真的。我们很清楚这些是谬论。但是，女性在职场中真的要做出一番成就时，却并不能向男人那样胸有成竹，运筹帷幄。

而造成这种情况的原因通常是由于女性被一些固有的思想所禁锢，不能真正地发挥自己在职场中的活力和能力所致。所以，作为新时代的女人，我们要勇敢打破陈规陋习，遵循新时代的规则去开创我们的天地。

规则一：不相信拒绝。女人通常害怕遭到拒绝，所以，很难说出自己心里的真正要求。在职场中，当提案遭到主管退回时，女人的直接反应是：绝对否定和没有机会了。

但对男人而言，拒绝却代表了仍有许多其他的可能性，现在遭到拒绝，以后还有机会，可以换个方式再接再厉，找出问题点重新修正提案，总有被接受的机会。

因此，女人应该转换自己敏感、脆弱，太过注重人际关系的特点，重新规划生活目标，不断地告诉自己一定要达到目标，自己有能力成功。

规则二：想说大声说。男人从小就被鼓励要勇敢，他们参与各项运动或者比赛，甚至被怂恿去打架，他们很早就已习惯竞争和输赢。女孩子则被要求文静听话，不允许与人争夺。

你是否有类似的经验：男同事在会议中总是非常踊跃地发表意见，滔滔不绝，似乎有备而来，而女性则显得保守和含蓄许多。如果是主管筛选方案，结果当然是那个口若悬河的男人胜出。

所以，除了充分的专业准备外，关键在于你是否掌握表达的机会，让自己站上舞台。记住，职业场中，表达才有得分的机会，你表达越充分，机会越亲近你。这是法则。

规则三：不要傻等待。男人惯于主导职场环境，一有机会便很自然地推荐自己，争取表现的机会，扮演火车头的角色。相比之下，女子则比较习惯待在办公室里，以为老板一定知道自己为公司鞠躬尽瘁。

事实是：老板是不会注意的，除非你主动出击。你应该主动定期向老板报告团队的最新工作绩效，反映自己优秀的能力。同时，主动与其他相关部门建立关系，介绍你的职务，让他们了解你能为他们做什么，你有什么资源可以分享。

规则四：同事就是同事。男性对办公室朋友的有无反应是无所谓，他们可以今天在会议中处于竞争对立的立场，明天却一起去唱卡拉OK，公私泾渭分明，两者无关，也不会产生矛盾。女人却很在乎这些，习惯将同事分成关系好和关系恶劣的两部分，不时陷入同事是非当中。

这是非常错误的！女人一定要学习男人在职场中以工作职务为标准的态度，一个团队中，每个人都有可能是你的下一个合作对象，你们除了合作关系，不要掺杂其他情绪：夹杂私人感情在工作里，是女人最不高明的职场反应，必须抛弃。

规则五：放弃多余的担心。当被公司赋予新的职务，男人面对相同的问题时，会很乐观地接受任务，虽然他自己也可能不知道从何着手，但他不会让别人知道，他可能在实践中完善自己。因为他相信自己一定能办到，不用担心。但是女人呢？最多的想法是担心自己是否能胜任。压力多过喜悦。

其实，对男人女人都一样：新挑战意味着新的表现机会，其中都充满了不确定性。没有人能百分之百掌握正确答案，但男人们都假设自己知道。所以，我们应该增加对自己能力的信心，因为男人面临的与我们是同样的问题。

规则六：一切都有风险。男人并非都爱做无谓的冒险。尤其在职业场中，他们很清楚这一点：每一个决策的背后都有风险，但风险是可评估的，若不踏出新的一步，就没有成功的机会。

但女人常为了安全感，保守地待在原地。这样导致总有一天被别人轻易地夺取腹地。我们要训练自己逐步接受风险，哪怕是失败的经验，结果也是锻炼与帮助我们承受更大的决策与风险。不要害怕。

规则七：机械未尝不可。男人天生是比女人机械的动物，他们在接到一些信息指令后，大都比较能配合协作，拿出最佳本领，协同完成任务。而女人呢，在心中暗自嘲笑男人机械的同时，喜欢躲在自我保护的外衣下，自行其是，排斥与别人分享资源。连女人自己都爱这样发牢骚，说：与女人共事真难。

所以，女人更应该在充分了解团体目标的前提下，意识到只要身为团队成员，都应尽全力协助领导。

规则八：张口要该要的。看看男人，他们会在担负更多的责任时，主动要求升迁，以求能力与职务匹配。女人却恰巧缺少这种主动要求的劲头，虽然做的事愈来愈多，却本着贤良的品质任劳任怨，以为张口要职权是卑劣的行为。这种认为当然是错误的。

某公司的女主管英子这方面就精明了许多。当该公司改制为股份制企业后，几度面临领导班子的更替和选择，她都能勇敢地推销自己，最终如愿以偿。既得到了升迁，又获得了实惠。何乐而不为呢？从某种程度来说无疑正是能力匹配的反映。

权利与责任其实是对等的，相等的权利才有可能让人有更大的发挥，也会拥有更多资源，使工作更有效率，这是一个良性的循环。

创新，是通往成功的捷径

人的可贵之处在于具有创造性的思维。一个有所作为的女人，只有通过有所创造，为人类做出了自己的贡献，才能体会到人生的真正价值和真正幸福。

创新思维在实践中的成功，可以使女人享受到人生的最大幸福，并激励她们以更大的热情去继续从事创造性实践，为她们的事业做出更大的贡献，实现人生的真正价值。

世界上因创新而获成功的人简直是不胜枚举。法国美容品制造师伊夫·洛列是靠经营花卉发家的。

伊夫·洛列从1960年开始生产美容品，到1985年，她已拥有960家分店，她的企业在全世界星罗棋布。她的成功有赖于她的创新精神。

1958年，伊夫·洛列从一位年迈女医师那里得到了一种专治痔疮的特效药膏秘方。她对这个秘方产生了浓厚的兴趣，于是，她根据这个药方，研制出一种植物香脂，并开始挨门挨户地去推销这种产品。

有一天，洛列灵机一动，何不在《这儿是巴黎》杂志上刊登一则商品广告呢？如果在广告上附上邮购优惠单，说不定会有效地促销产品。

这一大胆尝试让洛列获得了意想不到的成功，她的产品开始在巴黎畅销起来，原以为会泥牛入海的广告费用与其获得的利润相比，显得微不足道。

当时，人们认为用植物和花卉制造的美容品毫无前途，没有人愿意在这方面投入资金，而洛列却反其道而行之，对此产生了一种奇特的迷恋之情。

1960年，洛列开始小批量地生产美容霜。她独创的邮购销售方式又让她获得巨大成功。在极短的时间内，洛列通过这种销售方式，顺利地推销了70多万瓶美容品。

如果说用植物制造美容品是洛列的一种尝试，那么，采用邮购的销售方式，则是她的另一种创举。时至今日，邮购商品已不足为奇了，但在当时，这却是前无古人的。

1969年，洛列创办了她的第一家工厂，并在巴黎约奥斯曼大街开设了她的第一家商店，开始大量生产和销售美容品。

为了让顾客享受到最完善的服务，她打破销售学的一切常规，采用了邮售化妆品的方式。公司收到邮购单后，几天之内即把商品邮给买主，同时赠送一件礼品和一封建议信，并附带制造商和蔼可亲的笑容。邮购占了洛列全部营业额的50%。

　　洛列邮购手续简单，顾客只需寄上地址便可加入"洛列
美容俱乐部"，并很快收到样品、价格表和使用说明书。

　　这种优质服务给公司带来了丰硕成果。1985年，公司的
销售额和利润增长了30%，营业额超过了25亿，销额超过了
法国境内的销售额。如今，伊夫·洛列已经拥有400余种美
容系列产品和800万名忠实的女顾客。

　　洛列的经历正好证实了金克拉的话："如果你想迅速致富，那么
你最好去找一条捷径，不要在摩肩接踵的人流中去拥挤。"

　　创新，是通向成功的捷径，企业家的高低优劣之分也往往因此而
产生。作为女人，要想成功，就必须学会创新，只有创新，才能够在
以男权为主的社会中立足并成就自己的事业。

　　打破常规，才能推陈出新。要创新，就必须有打破常规的决心，
具体问题具体分析，不敢打破常规者，其事业将注定不能有大的发
展。只有创新，才能推陈出新、出奇制胜。

　　老子曾说过："反者，道之动也。"意思是一种反常规的做法往
往是万事万物运行规律的体现，这也就说明了遇到问题一定要具体问题
具体分析，绝不能墨守成规。我国的何燕就是靠创新逐步发展起来的。

　　何燕靠IC卡起家。1993年之前，中国市场上所有的IC卡
电话机全部是进口产品，市场份额最大者为西门子。当时，
人们以为IC卡市场没有中国的地盘，面对外面群狼的进攻，
只能举手投降。

　　几位成都电子科技大学的电子技术研究人员却不甘认

输，他们捕捉到IC卡技术的美好前景之后，这群穷书生想在完全没有资金，同时也非常缺乏市场营销战略人才的情况下将它产业化。

这时，毕业于南京邮电学院、深知这一科研成果巨大市场价值的何燕现身了。当时很多人阻止她，要她投资其他项目，认为这个项目没有发展前景，何燕不为所动，投资了５０万元做启动资金，而电子科大的科研小组负责全部技术问题，在电子科大租来的一间破旧教室里开始研制工作，完成了资本与技术的结合。

1994年11月，他们经过创新研发出了国内第一台技术领先的IC卡电话机并通过了有关部门组织的科技成果鉴定。

1995年2月，何燕带着这部IC卡电话机来到邮电部，凭着过硬的质量和自信，一举获得了邮电部门认可。1995年11月，成都国腾通讯有限责任公司成立，何燕担任总经理，独立承担了邮电部9528号重点科研项目，成功地研制出了中国第一台IC卡公用付费电话机，填补了国产IC卡电话机的空白。

1997年10月，国腾公司获得了邮电部的入网许可证，并成为国内同行业中获得邮电部入网许可证最多的企业。

在何燕的有效领导下，国腾公司在短短的两年多时间里，IC卡话机累计销售量达20万台，销售收入10亿元。在全国，IC卡公活市场覆盖地区已达到12个省市，国腾公司已占有国内IC卡电话的30％的市场，产品还进入多个发展中国家，并积极准备向美国等发达国家进军。

按常理说，外国的IC卡电话机已经优先占领了市场，从科技开发来说，何燕的电话机晚了一步，但是她从逆向着手，成功地研制出了中国第一台IC卡公用付费电话机，填补了国内空白。不但还击了外国产品的攻击，相反，还利用科技优势，积极准备杀个回马枪，向外国发达国家进军。

国腾公司随IC卡电话的普及而为人熟知，其跳跃式的发展引起各界关注，目前已跻身全国103家重点高新技术企业之列，并成为国家909集成电路设计中心之一。

2000年7月国腾公司成立企业集团，何燕出任集团董事长。国腾集团的成立，何燕有了更多展现才能的舞台。

《草庐经略》上说："虚实在我，贵我能误敌。"兵法上有实则虚之谋略，然而，这都没有一定之规，关键要看个人的胆识和悟性。兵者，诡道也。

所谓"诡"和"谲"之类的词语，在兵家那里是没有褒义和贬义之分的，这类词的意思无非就是一个，那就是变化。谁能变化得宜，谁就会取得胜利。在军事上，与其说是斗勇，不如说是斗智。而智，就是变化。所以我们要善变，不可拘泥于一格，否则就无法有所创新。

正视习惯，成就自己美好未来

在我们身边，有的职业女性一生顺利，有的职业女性命运多舛；有的职业女性事业辉煌，有的职业女性碌碌无为；有的职业女性屡败屡战，最终成功；有的职业女性竭力奋争，结果一事无成。人生的后面似乎有一只神奇的手在指挥着每一个人，其实这只无形的手正是我们所说的"习惯"。

一个动作，一种行为，多次重复后就能进入人的潜意识，变成习惯性动作。人的知识积累、才能增长、极限突破等，都是行为不断重复成为习惯性动作的结果。有些人过于在意那些优秀的强者表现出来的天赋、智商、魅力和工作热情，而实际上，我们把那些表现归纳分析，就会发现实际上存在一个简单的要点，那就是习惯。历史上，众多女性的成功都离不开她们多年养成的好习惯。

居里夫人有一个习惯，每天晚上都要把一天的情形重新回想一遍，看看自己哪些方面存在着不足。她曾为自己总结出13个很严重的错误，如浪费时间、为小事烦恼、和别人发生冲突等。在居里夫人看来，除非她能够减少这一类的错误，否则就不可能有什么成就。此后，她便一个礼拜选出一项缺点来进行"搏斗"，然后把每一天的"搏斗"结果做成记录；到了下个礼拜，她会另外再挑出一项缺点，去做另一场"搏斗"。正是这一检视自我并努力改正缺点的习惯，使居里夫人取得了日后巨大的成功，成为历史上受人尊敬也深具影响力的人。

英国教育家洛克说："习惯一旦养成之后，便用不着借助记忆，很容易很自然地就能发生作用了。"的确，习惯虽小，却影响深远。习惯对于你的工作和生活有绝对的影响，因为它是一贯的，在不知不觉中，经年累月影响着你的品德，决定你思维和行为的方式，左右着你人生的成败。

北京大学心理学博士卢致新说，"习惯两个字一直在起作用：一个人习惯于懒惰，他(她)就会无所事事地到处溜达；一个人习惯于勤奋，他(她)就会孜孜以求，克服一切困难，做好每一件事情。"这也就是为什么我们经常看到，成功的人们似乎永远在成功，失败的人们似乎永远在失败。

因此，你要想成为一名优秀的职业女性，就要正视习惯、了解习惯，从而更好地驾驭习惯，让它对你的人生与事业产生积极的影响。

正视习惯，了解习惯，方可利用习惯成就自己的未来。

非凡的耐力，为成功注入能量

俗话说："成百里者，半九十"。找不到工作时反复地应聘，工作以后一步步走向成功，这些往往比的都是耐力。21世纪的今天，你有没有常问自己："我有足够的耐力吗？我的性子还耐得住吗？"

耐力和智慧、能力相比，常被很多人忽视。然而实际上耐力在实现成功的过程中是很重要的一种素质。有这么一个故事：

有一位富翁想投资100万给一位优秀的年轻人作创业基金，他让人安排了一系列的应试，最后只有一位年轻的经济学硕士脱颖而出。

面试当天，这位年轻人自信满满、胸有成竹地来到了富翁下榻的酒店。在一楼，富翁的助手接待了硕士，并给他一个信封，交代他不能坐电梯，不管他是用跑楼梯还是走楼梯的方式都要把信送到住在30层的富翁那里。

刚开始，他拿着信封快步登上了30楼，顺利地把信封交给了富翁，而富翁只是在上面签下了自己的名字，就用同样的要求让他送回一楼助手处。

　　他又快步跑下楼，把信封交给了富翁的助手。然而助手也是在信封上签下自己的名字，让他再交给富翁。他看了看富翁的助手，犹豫了一下，还是硬着头皮转身登上了楼梯。

　　当他第二次登上30层楼把信封交给富翁时，已经浑身是汗、两腿发软。但富翁还是像上次一样，只在信封上签下名字，就让他再把信送回去……就这样来回折返了两次，年轻人开始有些恼怒了，感觉他们似乎在戏弄人，但他尽力压制住心中的怒火。

　　当他第三次拿着信封艰难地爬到了30层，把信封再次交给富翁的时候，他浑身上下已经全湿透了。然而富翁不经意地把信抛给他，说："把信封打开。"

　　他撕开信封，看到里面竟是一个小信封。他拿着信封，愤怒地抬起头，直盯着富翁。富翁很随和地对他说："再打开小信封。"

　　年轻的硕士再也忍耐不住，"啪"的一下就把信封摔到了富翁脚下，大声说道："就算有钱，也不能这样作弄人啊！我实在无法忍受了，我退出！"

　　这时，富翁站了起来，遗憾地对他说："年轻人，这不是一个恶作剧，刚才对你的种种要求其实是对你的面试，叫作耐力测验。如果你想让自己创业成功，就必须用超强的耐心去承受各种痛苦，经受各种考验。我是一个商人，我必须为我做的每一项投资负责。的确，你在其他方面是不可多得的佼佼者，本来也通过了今天的3次考核。可惜就在你把脚迈进成功大门的这一刻，你选择弃权。所以，很抱歉！我的100万不能交给你支配。"

　　说罢，富翁捡起那个被年轻人扔在脚下的信封，打开它后，里面是一张已经签了名的100万元支票。

　　这是一个发人深省的故事，值得所有想要成功的女性们思考。缺乏耐力是人一个普遍的缺点。怎样才能把超凡的耐力转化为能量注入成功呢？

　　耐心需要计划来规范，耐力需要行动来实践。做什么事情之前，可以为自己制定一个细致的计划，一个短期的目标，然后按照计划去实施。你可以多做一些重复性高的活动或等待时间较长的事，注意培养自己宽宏大量的胸襟。你要学会对别人宽容、大度，不要斤斤计较。

　　刚开始试着选择一些平时不怎么感兴趣的事情，慢慢坚持。这样长时期的坚持，对自己的约束就会越发增强了。性格的形成和转变需要过程，只要对自己有信心，就一定会做到。

职场友谊，让你办事更顺利

　　一份快乐的职场友谊和一份美好的工作同样重要。没有顺畅的职场友谊往往意味你的快乐只是你一个人的快乐，时而久之，你会发现你的快乐正在逐步减少，你正在变得孤单。

　　在众多的职业女性中，不乏具有优雅干练职业形象的丽人，抑或有出色工作技能的白领佳丽，不过这些职业丽人要想在职场中游刃有余，拥有快乐的心情，仅靠自己个人形象以及个人工作成绩，是完全不够的！

职场友谊，一个容易被人忽略的因素，在关键时候，可以给职业丽人许多快乐的心情！下面就是一些经营职场友谊的要诀，相信这些内容会使你的人际关系被经营得更成功，会给你带来更多的快乐。

第一，不随意泄露个人隐私。同事的个人秘密，当然就是带着些不可告人或者不愿让其他人知道的隐情。要是同事能将自己的隐私信息告诉你，那只能说明同事对你有足够的信任，你们之间的友谊肯定要超出别人一截，否则她不会将自己的私密全盘向你托出。

要是同时在别人嘴中听到了自己的私密被公开曝光，不要说，她肯定认为是你出卖了她。被出卖的同事肯定会在心里不止千遍地骂你，并为以前付出的友谊和信任感到后悔。因此，不随意泄露个人隐私是巩固友情的基本要求，如果这一点做不好，恐怕没有哪个同事敢和你推心置腹。

第二，不要让爱情"挡"道。作为职业女人的你，最好独自去处理自己的情感生活，在爱情还没有成熟前，即使最亲密的朋友，也不要拖着一起去约会。否则，爱情将会成为友情的"绊脚石"。

第三，远离搬弄是非。"为什么某某总是和我作对？这家伙真让人烦！""某某总是和我抬杠，不知道我哪里得罪他了！"……办公室里常常会飘出这样的流言。要知道这些流言是职场中的"软刀子"，是一种杀伤性和破坏性很强的武器，这种伤害可以直接作用于人的心灵，它会让受到伤害的人感到厌倦不堪。

要是你非常热衷于传播一些挑拨离间的流言，至少你不要指望其他同事能热衷于倾听。经常性地搬弄是非，会让单位上的其他同事对你产生一种避之唯恐不及的感觉。要是到了这种地步，相信你在这个单位的日子也不太好过，因为到那时已经没有同事把你当回事了。

第四，低调处理内部纠纷。在长时间的工作过程中，与同事产生一些小矛盾，那是很正常的；不过在处理这些矛盾的时候，要注意方法，尽量让你们之间的矛盾不要公开激化。

办公场所也是公共场所，尽管同事之间会因工作而产生一些小摩擦，不过千万要理性处理摩擦事件，不要表现出盛气凌人的样子，非要和同事做个了断、分个胜负。

退一步讲，就算你有理，要是你得理不饶人的话，同事也会对你敬而远之的，会觉得你是个不给同事余地、不给他人面子的人，以后也会在心中时刻提防你的，这样你可能会失去一大批同事的支持。此外，被你攻击的同事，将会对你怀恨在心，你的职业生涯又会多上一个"敌人"。

第五，得意之时莫张扬。每当自己工作有成绩而受到上司表扬或者提升时，不少人往往会在上司没有宣布的情况下，就在办公室中飘飘然去四下招摇，或者故作神秘地对关系密切的同事细诉，一旦消息传开来后，这些人肯定会招同事嫉妒，眼红心恨，从而引来不必要的麻烦。

当然，除了在得意之时不要张扬外，即使在失意的时候，也不能在公开场合下来向其他人诉说上司的种种不对，甚至牵连其他同事也犯同样的错误，要是这样的话，不但上司会厌烦你，同事们更加会对你恼怒，你以后在单位的日子肯定不好过。所以，无论在得意还是失意的时候，都不要过分张扬，否则只能给工作友谊带来障碍。

第六，不私下向上司争宠。要是有人喜好巴结上司，向上司争宠的话，肯定会引起其他同事看不惯而影响同事之间的工作感情。要是真需要巴结上司的话，应尽量邀多人相约一起去巴结上司。

最好不要在私下做一些见不得人的小动作，让同事怀疑你对友情的忠诚度，甚至还会怀疑你人格有问题，以后同事再和你相处时，就会下意识地提防你，因为他们会担心平常对上司的抱怨会被你出卖，借着献情报而爬上领导岗位。

一旦你被发现出卖了同事的话，那么你们之间的友情宣告完蛋，就连其他想和你交朋友的人都不敢靠近你了。因此，不私下向上司争宠，也是确保同事之间友谊长久的方式之一。

坚强的女人，创造人生辉煌

坚强是一种品性，是千锤百炼磨砺出来的结果，坚强是每一个人在不幸中支撑身心的精神柱梁。

生活中的不如意乃至不幸的确存在，只是因为生活之中有了坚强，一切才变成了风雨之后的彩虹，绚丽而又张扬。

而对于生活的不如意，女性似乎成了"柔弱"的代名词。但柔弱不等于软弱，女人也有自己的脊梁；不是经不起风雨的花草，而是傲然挺立的木棉。

女人不是软弱的，而是柔韧的！她们也许不会像男人那样有泪不轻弹，但是她们流过眼泪，开始踏上新的征程的时候，结束的是懦弱，开始的却是罕有的坚强。

女人的坚强也许不会像男人那样有英雄气概、惊天动地，但是在巨大的人生灾难面前，她们往往比男人更加坚强和出色。经历过风雨的女人，坚强可以使她们更从容地面对生活。像美丽的蝴蝶破茧而出，战胜了生命中的痛苦之后，绽放出令世界倾倒的光芒。

　　台湾影星王思懿，在演艺事业取得巨大成功前，曾遭遇过理想破灭的巨大打击。

　　王思懿从小酷爱舞蹈艺术，为了跳好一个动作，可以练习上百次而毫无怨言，从小学到中学，她已经打下了扎实的舞蹈功底，因此很顺利地考上了艺专舞蹈科。

　　在舞台上翩翩起舞，这是王思懿最美丽的梦想。她的形体条件很好，双腿修长，身段苗条，天生就是块练舞的材料。她的个性又十分要强，凡事喜欢冒尖，所以学习上刻苦用功，进步很快，成绩一直名列前茅。

　　天有不测风云。在一次腾空飞跃交叉舞步的练习中，王思懿不慎跌倒，腿部关节的韧带因此拉断，医生告诉她不能再跳舞了。王思懿一向将舞蹈视为自己的生命，将舞台视为自己唯一的世界，突然遭受到如此打击，她伤心得落下了眼泪。

　　坚强的王思懿不甘心就这样放弃自己的梦想。伤愈之后，她仍然回到学校，坚持上课习舞。尽管她的舞蹈还是有相当水准，但她越来越明显地感到力不从心，艺术上已无法再有新的突破、新的超越。

　　于是到了三年级时，她怀着极为无奈、极为痛惜的心情，从艺专休学，去寻找属于自己的新的发展空间。

　　她选择了广告模特儿的工作，幸运的是，她很快成了这一行业的新宠。不久她又投入影视圈，并逐渐走红。她先后出演了《刘伯温传奇》《红尘无泪》《徐悲鸿传》《爱爱的日记》《竹蜻蜓》《秦始皇与阿房女》《水浒传》等电视剧。

因在《水浒传》中扮演潘金莲令大陆观众牢牢地记住了她的名字。她出色的演绎彻底颠覆了"千古淫妇"的形象，反而将女性的美及对爱情、自由的追求诠释得淋漓尽致。

因而不仅获得圈内行家的佳评，且深受广大观众的喜爱。她从此走上家喻户晓的明星之路。

王思懿的成功，首要的原因就在于她能以坚强的信念支撑自己。尽管遇到了严重的挫折，看似步入绝境，也不放弃希望，而是用积极的心态引导自己开创一片新的未来。《易经》曰："天行健，君子以自强不息。"我们或许比王思懿幸运一些，没有遭受过那么大的打击。但谁又能完全避免挫折和失败呢？

每一天，都可能有不如意的事情发生，比如面试没有通过，比如被老板责备，比如受到不公平的待遇……

哭泣是允许的。痛哭一场，洗净你心中的尘埃，然后擦干泪水，你还是你，一个坚强的你。再对自己念一遍那句经典的台词："明天又是新的一天。"坚强是一种傲人的勇气。坚强是困境之中一抹浅浅的微笑。坚强是失败后一个坚定的眼神。

女人用坚强守护心灵的沃土，懦弱才不会乘虚而入；女人用坚强交上生命的答卷，灵魂才会在美好的港湾停泊、歇息。

坚强可以让你坦然面对一切突如其来的挫折，将这些挫折转化为动力，从中总结经验教训，最终创造出辉煌的人生。

追求完美，让事业更进一步

追求完美，几乎是女人的共性，许多成功女人的个性中都具有这种因素。

有人说，只要你追求完美，就可以保证你成功。而世界上为人类创立新理想、新标准，扛着进步的大旗、为人类创造幸福的人，就是具有这样追求完美素质的人。无论做什么事，如果只是以做到"还可以"为满意，或是半途而废，那就很难成功。

有一位电视台记者，她被同行称为"她所走过的路，连草也长不了"。

同行们对她十分敬佩，因为她做采访十分彻底，经她采访过的地方，即使别的新闻记者去了，也无法得到新的消息、采访到新的内容，因为谁也无法像她那样挖掘新闻。

在工作中应该追求完美、满分。不完整的工作成果只会使别人麻烦，对自己也没有成长的好处。

人类的历史有不少悲剧，都是那些工作不可靠、不认真的人的苟且作风所造成的。有人曾说："无知与轻率所造成的祸害，不相上下。"

许多女人的失败，就在这"轻忽"的一点上。她们念念不忘的，是想寻得较高的位置、较大的机会，使自己有"用武之地"。她们常对自己这样说："我们在平凡、渺小的职务下，枯燥、机械地工作，有什么意义呢？那真是不值得去拼搏！"因此，她们的工作，往往需要他人的审查、校正。这样的人，难于升到优异的位置上。

但是，凡是出类拔萃的女人，对于寻常、细微的每件事，都能认真思考，不肯安于"还可以"或"差不多"，必求其尽善尽美。她们能在简单、平凡的工作岗位中，看出与造就大机会来。她们比一般人更敏捷、更可靠，自然能吸引上级的注意，博得领导的赏识。

她们每做完一件事，都能勇敢地对自己说："对于这份工作，我已尽心尽力，可以问心无愧。我不但做得'还好'，而且在我能力范围内做到了'最好'。对于这份工作，我能够经得起任何的人检查批评。"

假使每个人无论做什么事，都能尽至善之努力，以求得至美的结果，那我们的生活一定变得更完善，更快乐，人类幸福真不知能增进多少啊！追求完美，应该注意从以下几个方面着手：

第一，如果面临失败，对于"原因在哪里"等等之类的问题，都要及时自我反省，认真检讨，要不断注意技术上、精神上、生活上存在的缺点。

第二，要想成功必须具有"硬件"，只要在你的工作范围内的事，都能做到出色。这一点对于女人尤为重要，因为男人逞强的心理中，很难相信女人的能力。

第三，要有万一失败，应怎样挽回残局、减小损失的准备。为了预防万一，要事先准备好第一方案、第二方案、第三方等等多种解决突发事件和意外情况的方案，不可孤注一掷。

追求完美的过程，不可能一步到位，因此不能急于求成，"欲速则不达"。不管任何事，任何人都无法一次做到尽善尽美，要反复、一次又一次地实践，不要老顾盼自己离"完美"还有多远，现在可以打多少分，这样不好。

成功需要靠时间和努力的点滴积累，把"完美"当作一种目标装在心里，然后埋下头，专注于自己的工作。在达到完美境界的过程中，有许多人为的因素，也有很多现实生活中不能克服的障碍。但是，如果我们无法坚持不做自己不清楚的事的基本信念，就会因为工作量或处理产品件数的增加，而顾此失彼。

有一个成语叫作"画龙点睛"。它似乎与追求完美有着千丝万缕的关系。二者殊途同归，都是为了将事情处理得更好一些，让人满意一些。任何工作，开头很关键，结尾也是关键，而收官之笔尤为关键。就好像精心画好的龙，若缺少了最后的点睛之笔，终究不能传神、不能呼之欲出一样。

有的人在工作中常常不知道及时"收尾"，及时为工作告一段落，画上句号。做了大半的事挂在那儿，如果别人接着做下去，拿出了结果，那么上司会认为是你的功劳吗？如果你是上司，你的部属老是做些有头无尾的事，她在前面开道，而让你跟着擦屁股，你会感到满意吗？

当某些领导阶层的人士被问到他较喜欢什么样的女员工时，大部分的人都回答："一是具有自信的积极态度的女人；二是具有工作告一段落的态度，做事让人放心的女人；三是生活有节度的女人。"

做事干净利落，不拖泥带水，该做的事尽早去做，该了结的尽快了结，有这种工作和生活态度的女人，处处都会受到别人信赖和喜爱。追求完美无缺，并能画龙点睛，锦上添花，这是事业成功的因素，也是女人魅力和自信的展现。

第五章
做好自己，在爱情里幸福生长

认识爱情，才能够把握爱情。认识爱情，才能够在美好的爱情之旅中，谱写美妙的诗篇。爱情是鲜花、微笑、明月、春风，是浪漫、温柔、陶醉、迷人，它能够让你一直甜蜜下去。

恋爱和作战一样，都需要你用一双慧眼去窥测，运用策略去把握，还需要你用正确的方法去对待。只有把自己最好的模样呈现在爱情里，才能够让你的爱情，在未来的时光里幸福生长。

在生活里，做个爱情厨师

爱情如一杯美酒，放久了，会落入灰尘，掉进小虫，连酒精也会挥发掉。再甜美的爱情不知道保鲜，也会让人失去品尝的兴趣。漂亮的女人，容易获得爱情；而有智慧的女人，是爱情的厨师，知道适时地加入酸甜苦辣的调味品，让爱情愈陈愈香。

酸：一个不懂嫉妒的女人，就像拍了却弹不起来的皮球，令人感觉乏味。嫉妒，让他有被爱的感觉；猜疑，则会使对方感到被束缚，不被信任。因此，适时而恰到好处的嫉妒，可以证明你对他的爱与重视。

甜：没有一个男人可以抗拒女人的撒娇。不管你年纪多大，有时撒娇任性，赖皮一下，可以增加感情的"蜜"度。

斗嘴辩论斗不赢他，赖皮地说："谁叫你比我大，大就该让着我啦！"早晨恋床，实在不愿做早餐，何不拥着他，懒懒地说："好想永远抱着你。"听了这话，恐怕男人饿得能吃下整头牛，也舍不得放你下床。

爱人的对话，总免不了肉麻，甚至近乎发痴，不过，听在当事人的耳里，可是字字甜心坎，句句叫人销魂。

苦：眼泪，是女人制服男人的武器，但是，宝剑可不能轻易出鞘！不要动不动就落泪，过多的眼泪，不但无法引起怜爱，反而使男人产生"免疫力"。眼泪，是用来表达忧伤或愤怒，不是用来凸显你的任性与跋扈。

看到悲惨的电视或电影，哭得像个泪人儿，让他知道你有颗脆弱善感的心。争吵时，他说了重话，或者有了二心，都是落泪的"必要"时机。特别是两人闹意见闹得不可开交时，与其硬碰硬，倒不如适时运用"泪弹攻势"。

辣：有一个婚姻问题专家说："夫妻之间的争吵是两个人努力克服困难的表现，这很像一个人发高烧是身体努力战胜疾病的症状一样。"这段话说得好，夫妻之间适当的争吵，不但不会破坏彼此的感情，反而会促进婚姻的成长。夫妻之间发生争执或口角，在所难免，吵个建设性的架，不但能发泄情绪，更可增加了解。

但记住，女人要泼辣，但不要太辣，就像黑胡椒一样，够劲儿又不伤胃。

如何让吵架的"德行"看起来很美观，是争吵前的必修课程。

聪明的女人即使发怒，也要想办法充满美感。这杏眼一瞪，纤指一拨，柳腰一叉，樱唇一撅，姿态多曼妙婀娜！横眉怒眼披头散发，泼妇骂街歇斯底里，只会破坏你在他心中的形象。

没有一对正常的、美满的夫妻是不吵架的，如果有哪对夫妻宣称，他俩从未吵过架，那么他们若不是在说谎，就是根本不爱对方。

以上就是男人心目中的"全能女性"的特质。如果你能巧妙掌握这些调味品，那么，你的爱人就会像孙悟空一样，永远也逃不出你如来佛的手掌心。

爱情调味的目的，就是要一点一点蚕食他的心，在心头竖起"爱"字大旗，叫男人感到爱你不渝；就是让他相信，你的好与坏、喜或悲，全都是因为他。

做个爱情厨师吧，调出爱情与婚姻的味道，让男人只吃家里的，不吃外面的。

会爱的女人，在幸福里生长

从最初的怦然心动，到热恋时的激情缠绵，再到两人携手走进围城，爱情不应该在这里休止，而应该是一种升华。一个会爱的女人，从她披上婚纱的那天起，就用毕生的努力来经营、更新爱情。因为，她深知，一纸婚约并不能替她永远留住另一颗心。她懂得，激情总会冷却，唯有平平淡淡的相知相守才是婚姻的真谛。

两个在不同环境下长大，有着不同成长经历不同个性的人走到一起，必然会有一个相互磨合相互适应的过程。会爱的女人不会企图去改造她的丈夫，她知道那将得不偿失，男人们的固执有时候需要我们用一生的时间才能真正领略。

因此，会爱的女人明白，在磨合的过程中，既不要过多坚持也不要过分放弃，这样既留下了温柔又保住了自我。

一个会爱的女人特别懂得营造家庭氛围提高生活质量。她不会整天趿拉着鞋蓬头垢面地面对丈夫，她总是把自己最漂亮最精彩的一面展现给爱人。她不会以洗衣做饭带孩子为由，而扔给丈夫一张疲倦的面容，一双麻木的眼睛，一副粗俗的嗓门。

她们深知丢失了曾经的美丽与个性就失去了对丈夫的吸引，她很注重提高自身的素质，使自己在美丽的基础上再多一份雍容。她拥有自己的思想、自己的追求，这令她永远充满活力与魅力，带给她的丈夫一次又一次的兴奋与惊喜。她知道这叫作：爱情与婚姻同步。

会爱的女人十分善解人意。她明白：女人受到挫折可以倒在男人的臂弯里寻求慰藉，而男人却必须赤裸着胸膛承受着一切重负。因而，她会把家精心营造成一个温馨的港湾。在那里没有世俗的纷争，没有生计的繁忙，有的只是妻子的娇柔和母亲的宽容，使奔波劳累的男人顿时能得以安歇调养，情绪激烈时能得以舒缓释放，遇到矛盾也可以在这里得到温柔地化解。

一个会爱的女人也定是一个充满情调的女人，她在关爱丈夫，关爱他人的同时，也懂得珍爱自己。她会为自己挑选最体贴呵护的内衣。懂得欣赏自己充满艺术性的胴体，她总会给自己选购最性感柔软的睡袍。

爱美是女人的权力，因此，无论是待字闺中，还是已做人妻，她都有足够的理由去追求精致漂亮，一件舒适合身的内衣，好让女性毫无约束地、毫不压抑地、毫无内扰地舒展自己的魅力，尽情挥洒现代女性独立自主的尊严和自信。

如果追求体贴的内衣为了丰富内在美，那么，一袭性感的睡衣就是女人闺房中所有的梦幻和风景，有幸目睹睡衣的妩媚者，一生中注定就只有自己和自己深爱的那个人。

与一个会爱的女人生活在一起，一定轻松、愉悦又充满风情，她们是所有男人的梦想，也一定是个魅力女性的杰出代表。

适合你的，才是最好的恋人

爱情是否美满、幸福、稳固，并非取决于对方有多么出色，而是取决于两个人心灵契合的程度，取决于两个人是否合适。

每一个女人心目中的白马王子形象都不同，有人喜欢温文尔雅富有诗人气质的男性，有人却喜欢肌肉强壮、四肢发达的运动健将；有人喜欢情人年轻俊美，有人却不拘年龄限制。

许多人存在这样一种心理，一心想寻找个最好的，品格、才学、长相样样出色，乃至家庭条件、学历文凭、职业收入也是出众的，令人无可挑剔，实际上选择最好的不一定就是最好的选择。

实际上两个恋人就像钥匙和锁，一把金钥匙并不一定能打开一把普通的锁，而一把普通的钥匙倒能胜任。

所以择偶时，了解自己的个性是很关键的。俗话说："江山易改，禀性难移"，要期待在婚后改变一方或双方的性格是几乎妄想的。

如果你是位性格外向，活泼开朗，爱说爱笑的女性，那最好找一位和你同样开朗而且又能干的男性。

如果你是位举止端庄，沉静稳重的女性，那么你适合找一位开朗，擅长交际，有一定事业心的男性为友。

我们生活中还有这样的一类女性：她们表现得生气勃勃，富于行动感，热衷于投身社会性事务，但又非那种"女强人"，她们天性中有一种富于行动感因素促使她们在体育比赛、舞会、各种协会中大显身手。她们大多性格开朗，热情大方，善于周旋于各种人群之中。她们不狭隘保守，富于开拓进取精神，这一点是令许多男性汗颜的。

但是，如果谈到家庭生活，就非她们所长了，"金无足赤，人无完人"，这样的女性不大善于安排生活，在这一方面的能力比起她的社交能力就大大逊色了。所以令她称心的男性，应该是会安排生活、情绪稳定、性格温和，在她情绪低沉时能给以抚慰和鼓励的男性。这两种性格互为补充才能和谐。

看到这里，朋友，是不是该想想自己属于哪种类型呢？适合找哪种异性为伴呢？总而言之，女性在择偶时，不要忘记自己的个性，好高骛远地去追求那种不现实的伴侣是不明智的。

我们都有这样种心理：为了吸引某人注意，尤其是对你有吸引力的人，我们不大自主地总想让自己显得更漂亮、更完美，由此及彼，我们对有好感的人总会产生近乎理想的印象。所以在相互关系很有分寸的情况下，应该适当地去吸收对方的优点，不要幻想他完美无缺。

往往起初感觉堪称完美的一对，随着时间的推移，会变得远不足想象得那么好，这也是人之常情，不足为奇。

大凡恋爱中的人，都喜欢给爱找个理由，常见的问法便是：为什么我会爱上他呢？一般说来，有两种最基本的答案：一个是因为我需要爱他；另一个是因为他值得我爱。

我需要爱他。这是一种主观色彩很浓的爱，因为很显然地在爱情中强调的是我，为什么爱他？因为我需要爱他，需要爱他来源我想爱他，之所以想爱他是因为我在他身上找到了我自己。那个自我因他而散发出灼热的人生光辉。只有爱她，只有把爱给他我才会拥有一切，于是我就爱上了他。

无疑，这样一种爱情。与其说是在认可他，不如说是在认可自己。与其说是在渴望他的肯定？不如说是在渴望自我肯定。这种爱很纯粹，很情绪化，也很缥缈，容易受到伤害甚而遭到否定。其实只是想让那过于抽象的爱攀附住实在的东西，以坚固自我，需要爱他是唯一的理由。这种爱情是极脆弱的，也是脱离现实的。

第二种爱情理由是他值得我爱。显然这是一种非常客观的爱。在这样的爱情中，强调的是他，而我是第二位的。这种爱产生于充足的理由。

比如对方人品、学识、修养、事业、经济地位、家庭背景等等。有了充足的理由，使人感到爱得踏实、有保障，因此走进婚姻的可能性就大。但如果爱情的附加条件太多，就易使人本末倒置，淹没爱情本身。这就是择偶。

正如我们前文所言，择偶要掌握一定标准，找准理由再爱是人之常情。爱与不爱，完全在于你的选择，爱什么不爱什么，也在于你的取舍，这样爱与那样爱，还在于你的把握。你的心中自有一把最好的尺度。权衡种种，如果他值得你爱，那么就赶紧去爱，莫再回头。

适当拒绝，让爱情更美好

拒绝是爱情中少不了的一出戏，人人都不想把它演绎成悲剧。学会如何去拒绝；你就等于在用另一种方式在医疗别人的爱情伤口。

在爱情之中少不了拒绝，我们拒绝我们不爱的人，我们拒绝不可能有结局的爱……拒绝是一种艺术，表达的方式却有许多。

有的是以退为进的拒绝；有的是根本不愿交往，却也不能伤害对方的拒绝；还有的拒绝要看人、时、地来决定……

学会了林林总总的拒绝艺术，不仅可以减少许多无谓的麻烦，对于你的清白名誉也有预先防护的功效，积极的意义是让你得到一位条件较好的男朋友，此外，更不会让你落到唉声叹气、不知所措的地步而陷入："为什么男孩子这样容易动感情？我该怎样把他打发走"的苦恼了。

学习拒绝艺术的先决条件有四：一是多用理智，勿滥用感情；二是不要以对方的面貌来决定是否拒绝；三是对方愈是花言巧语，愈是不可尽信；四是自己的言行要谨慎，不可轻狂或傲慢。

女孩子拒绝约会的原因不外乎四种，第一是由于少女矜持，不愿意随便答应男友的要求；第二是为了试探对方有无诚意；第三是因为当时确实有事；第四是另有男友。

拒约的原因既然不同，拒约的方法当然就有所分别。基于前三种情况而拒绝约会的方法是"藕断丝连"。你虽然不答应他的邀请，但拒绝的语气并不过分坚决，在你的拒绝理由之后加一些不肯定的句子，如"或许……""恐怕……""但是……""不过……""假如……"等等，总之是"这次不行，下次也许可以"预留后步式的婉拒：你既不是真的不愿意答应他的约会，那么，用这种方法拒绝男人，可以使他下次还有再找你的勇气。

如果自己另外有男友，而确实对他全无兴趣，不妨让他知道你"永远没有时间"赴他的约会，当然，这是一种"一刀两断"的做法，但拒绝时却要留意，别伤了对方的自尊心。逼急了，任何人都会恼羞成怒的，你何必自己塑造一个敌人？再说，他愿意邀你出去，是喜欢你，基于这点诚心，你在拒绝的时候就得用心思，别叫他太难堪了。

最好婉转地告诉他，你是一个行为端正的女孩，已经有男朋友了，不好再答应他的约会，再以朋友的态度诚恳地说明无法赴约的理由，是为了不教他浪费时间，相信他听了不但不会恼怒，反而会对你的端庄另眼看待，这就是拒绝的艺术。

拒绝他，而他并不难过、不沮丧、不怨恨，而反过来，谅解你拒绝他是出于爱护他的心理，这就叫他对你服气万分了。

拒绝的艺术是要因时因地而异的。要点是当一个男人开口问你某日有没有空的时候，即使你明知自己根本无事可做，也要留给自己一个考虑的余地。你的回答不妨是这样的："怎么样？你有什么好建议吗？"假若他的提议颇中你心，不妨答应他的约会，否则来个"但是……"也就够叫他知难而退了。

女孩子在没有固定对象之前，不免会有各种不同的约会。也许有这么一次两次，你会，碰到一个毛手毛脚的男人。对付这种人，你拒绝的态度要从容、镇定、有幽默感。

我们假设一个情况：在你和某个男朋友散步的时候，忽然发现他意图引你到一个黑暗的角落去，你可以停止脚步，面带笑容地告诉他："哎；怎么办？我天生胆小，走到黑暗的地方就害怕……"

当然啦！为了防他"英雄护美"，你要接着对他说："即使有你这样强壮的男人陪在我身边，也无法使我心里的恐惧消失！"这就够了，难道他还会不明白你的意思吗？

若不爱，请你放爱情离开

爱情的价值在于经得起时间的考验，没有爱的婚姻是不道德的。然而，在现实社会中，却还是存在着许许多多"将就凑合"的家庭。

有一个女性今年55岁与她的丈夫走上法庭，法院判决了他们离婚。她等这一天等了整整三十年！二十五岁那年，她遭遇了失恋的打击，草率地把自己嫁了出去，结婚后，就开后悔。

夫妻俩总是吵架，她想这就是命，凑合着过吧，后来是为了孩子小凑合，再后来是为了孩子大凑合。

总之，这一凑合就是三十年。但是，一个人的一辈子又能又几个三十年呢？

在影片《简·爱》中，当简·爱的表哥、牧师圣约翰向她求爱的时候，尽管牧师曾经救过她的命，而这时孤单的简·爱也确实需要傍依，但她还是断然拒绝了圣约翰的爱，因为她清醒地懂得爱情不能凑合，而恩惠是应该并可以用别的形式给以报答。

她说："我答应做你的传教伴侣和你同去，但不能作为妻子，我不能嫁你。"这在当时确实使两人都很痛苦，但如果勉强凑合，两人的痛苦势必更大。

　　生活中可以凑合的事情很多，衣、食、住、行，都可以，但爱情不行。

　　当你选了几个朋友都不如意，再选唯恐引起舆论压力时；当你曾受过人家的恩惠想以身相许来报答，或同情对方的不幸遭遇想以爱情来慰藉对方时。当你抵挡不住对方的甜言蜜语和百般乞求，或有短处抓在对方手里唯恐丑事外扬时；特别是当你的亲朋父母出来保媒，而你确实不满意对方时；你要切记："将就凑合"的选择，虽能使你摆脱眼前的痛苦，但同时又极可能把你牵进更大更长的痛苦之中。

　　最后，要选择爱情，但不苛求爱情。我们并不是说恋爱场上无限制的选择是正确的。作为女性，不要以心中白马王子的标准去要求现实中的他。

　　尽善尽美的人，过去没有，今后也不会出现。要知道志同道合是爱情的主要基础。有共同的追求，再加上性格、爱好、习惯等方面的契合、包容，就能唤来甜美的爱情。如果真以这两条为择偶的标准，而不苛求于对方的外表、出身甚至身高、体重，那么，选择成功的概率还是很大的。

　　作为女性要理智地审度自己感情的性质：不是爱情不要冒充爱情；是爱情，就要对自己也对对方负责。当出现下列情况时，这种态度尤须慎重。

　　第一，作为女性，当你被多人追求时。这时你就面临着这样的选择：在这么多人的追求中，你需要谨慎地但又不拖延地确定你的爱。很可能你拿不定主意，那么在你拿定主意之前，你应同所有的他都无一例外地保持同志关系，既不能因为喜欢你的人多而飘飘然，也不能因为烦恼而随便选择一个算了。

而一旦"选中"以后，你就应尽快向"落选者"表明你的鲜明态度。模棱两可是要不得的，这样既延误了别人另找对象的时间，也势必使你的恋爱生活复杂化，甚至带来不堪设想的后果。

第二，作为女性，当你倾心的他已心有所属时。如果你知道对方已同她确定了爱情关系，那么你理应急流勇退，不应成为不光彩的"第三者"。

如果对方同她，也只是同你一样，并未确定爱情关系，那你自然可以向对方表示你的爱慕之情。但是，应该落落大方。对第三方采取嫉妒乃至诽谤的态度，显然是不道德的。一旦对方在选择中筛掉了你，你就应该愉快地向对方说声"再见"。作为女性，要知道被人拒绝也是很正常的事。

有些女性不能接受被人拒绝的事实，这时要学会疏导自己内心的情感，轻松地面对生活。

第三，当你同时对几个男性有好感时。你应该按照自己的择偶标准，度量哪一个更适合成为你的终身伴侣，从而有意识地把你的好感上升到受理智支配的爱慕之情。同时，也就需要严格地把你同其他人的关系限制在同志关系的范围内。

"脚踏西皮瓜，滑到哪里算哪里"，或者用暧昧的态度，同时发展对几个男性的恋爱关系，无疑是不道德的。对自己，对别人，都没有好处，到头来只能造成彼此痛苦。

爱情在女性心中是圣洁而美丽的，所以女性们要严肃理智，同时不失乐观地对待爱情。毕竟爱情不像你商店里买商品，选错了，可以换一个，至多是重买一个。看错了恋人，选错了配偶，虽然可以用离婚来加以补救，但那时已给双方尤其是子女造成不可弥合的创伤。所以，作为女性在恋爱婚姻问题上，切忌草率从事。

在爱情里，不要迷失自己

给予型的女人有一个特点，她希望给予、付出，爱别人胜过爱自己。她常常有这样的一种担心：我若是不爱别人，别人肯定不会爱我。

事实上，给予型女人这种爱情观本是值得提倡的：要想取之，必先予之，这符合追求幸福、爱情和快乐的基本规律，但是在爱情里，给予型女人一定要留个小心眼，可以给予和付出，但不要迷失自己。

爱情要靠"两条腿"走路的：一是你付出爱，然后收获到爱。另外一点你要增强自身的魅力，吸引对方，让别人来爱你。吸引与付出不可或缺，若是迷失了自己，失去了魅力，再多的付出都可能会打水漂。这就是爱情，那种"一分耕耘，一分收获"的规律在爱情领域里并不是绝对的真理。

我们前面提到的电视剧《牵手》之中的女主人公夏小雪，她开始时全为老公和孩子着想，放弃了事业，一心扑在家庭上。尽管她把家打扫得干干净净，但外表的邋遢和嘴上的唠叨使自己毫无女人的魅力，结果虽然不停地在付出，却失去了爱情。

在老公提出离婚后，她才醒悟过来，开始发展自己的事业，注重打扮自己，又变回一个优雅干练的女人，最后，老公又回到了她的身边。

罗兰小语中有这样一段话：如果你希望一个人爱你，最好的心理准备就是不要让自己变成非爱他不可。你要坚强独立，自求多福。让自己有自己的生活重心，有寄托，有目标，有光辉，有前途。总之，让自己有足够多的可以使自己快乐的源泉，然后再准备接受或不接受对方的爱。

　　刘薇是一个爱付出的女孩子，她乐于助人，对自己的男朋友小韩也非常好。说到她追男朋友的过程，正是付出之后得到的回报。

　　刘薇毕业后在一家公司工作，工作第三个年头时，小韩硕士毕业后也来到这家公司。小韩才貌俱佳，追求者颇多，总有女孩子找他聊天、看电影。

　　刘薇却不动声色，每天中午去领盒饭时，她都会带来一份，悄悄地放在小韩的桌子边上。小韩发现是刘薇在默默地帮自己领饭后，就对她有了好感。因为那时小韩刚来公司，许多事情不了解，就经常跟刘薇请教，刘薇非常乐于帮忙，这样一来二去，两个人谈起了恋爱。

　　随着感情的发展，刘薇像一个保姆一样，每天照顾着小韩的起居生活，处处迁就着小韩。她的胃口不好，小韩却喜欢吃辣。有一次，小韩带她去吃麻辣火锅，为了不让男友扫兴，她就隐瞒了自己胃口不好的事，结果吃完后自己回家偷偷喝胃药。

　　小韩是硕士毕业，总想出人头地，无奈工作时间短，经验有限，所以经常愁眉苦脸，觉得怀才不遇。为了帮男友减少烦恼，刘薇就放下自己手上的工作，全力帮助男朋友，结果一年下来，小韩升职了，她却由于经常完不成自己的工作任务而降职了。刘薇就这样一切以男朋友为中心，根本不顾自己的事业和兴趣爱好，整天精心侍候着他。

不久之后，公司又来了一个新毕业的大学生小赵。小赵人很漂亮，又很会说话，初来乍到，对公司不熟悉，凡事都谦虚请教小韩。小韩非常热情地帮助她，并在小赵崇拜和感激的眼神中找到了自信，所以他非常喜欢跟小赵在一起。

有一天小韩感冒了，但下班后，他还在帮小赵指导工作。刘薇非常关心小韩的身体，就过来找小韩赶紧去医院，还用手直摸小韩的脑袋发烧不发烧，这样小韩不能安心地帮助小赵，心里十分反感，冷着脸对刘薇说道："别烦了，婆婆妈妈的，没看我在做正事吗？"

刘薇心里一冷，但想到是自己烦到小韩了，就不再吭声，耐心地在旁边等着。可是小韩还是嫌她碍事，拉着小赵到旁边的会议室里去指导了。

虽然朋友们都劝刘薇不要再傻了，小韩对她变心了，对小赵有好感了，可是刘薇却不这么看，她一直认为是自己做得不够好，只要自己真心付出，一定会感化小韩，拉回他的心。所以，她对小韩更加好了，做饭洗衣帮助工作，无微不至。

后来，小韩因为工作业绩好，被别的司挖走了，在离开公司那一天，小韩也跟刘薇摊牌分手了，他说道："你付出的太多了，做得也很好，但我觉得太沉重了，我负担不起。"

刘薇欲哭无泪，还在想着自己哪里做得不好，做得不够。

　　她哪里知道，不是因为自己爱得不够，而是爱得太多了。对于一个男人来说，爱上他，对他来说是一种快乐，太爱他，则是一种负重。

　　女人太爱他，就会失去自我，一切随着他转，没有了自己的思想，没有了自己的喜怒哀乐，时时刻刻想把握他的一举一动，时时刻刻想和他厮守在一起，他成了女人的整个世界。终有一天，女人的爱使他没有自由呼吸的空间，他会因为承受不住这份爱的重担而离去。

　　有一个理论这样说道：爱一个人只能给三分之一的爱，三分之一要留给自己，三分之一要给家人朋友，这样才能保持细水长流的长久关系，才能跟你爱的人一直走下去。

　　所以，对于给予型女人来说，一定要记住，给予是好品德，但是在爱情里不能失去自己，要留一部分爱给自己。要对自己好一点，不需要一直期待以"努力"和"牺牲"交换爱，你可以先爱自己，在爱自己时也爱别人，这样的爱才不会枯干。

不打扰，是你的温柔

　　人与人之间的缘分来来去去，凡事太尽，缘必早尽。因此，你要懂得给自己一点空间和余地，太主动去贴近男人，除了让人喘不过气，也可能贬低自己。无论你们的关系是否热切，是否还能继续，请把这句话当作你的座右铭："不打扰，是你的温柔。"

　　相恋的时候，每一分每一秒都想彼此共度，一旦激情散去，有时看场电影都觉得是在消磨时间。分手以后，还做不做朋友？如果做不到老死不相往来，又要如何划清和对方的关系？退得远一点不要打扰对方，是最好的做法。

其实"不打扰"这样被动而温柔地处理方式，几乎适用于所有的关系上，因为不打扰，所以你要学习自律、充实自我；当你不觉得无聊，不会感受日子空虚无谓，自然不会想去打扰别人，尤其是旧情人。

想练就"不打扰"的本领，除了要懂如何把日子过好，找到生命的重心，你必须还要清楚地自我分析，因为你得先知道"想打扰"的念头到底起因何处，是寂寞？是好奇？是心有不甘？还是无所事事？如此一来你才能对症下药，坚定你"不打扰"的温柔信念。

其实从反向操作的观念来看，这也是让男人更爱你的方式。通常男人都很怕女人太纠缠，而偏偏多数女人都很黏人，常常电话查勤、管东管西。

但是，如果你能以完全不同的姿态生活，爱上你的男人反而会不安，因为他不懂为什么你可以活得这么骄傲又漂亮？到底是什么在支撑你？你有孤单软弱的一面吗？又是谁在守护着他几乎看不到的另一面？

诚如我们常在提的"偷心"基本概念：你离男人越远，他就想靠你越近。

不打扰不仅仅是一种温柔，同时也是一种"上道"的行为。尤其，当你和这个男人的关系并不明朗时。你们可能共度过春宵，对彼此有好感，但是不确定对方的心意与态度，甚至你自己也知道，你跟他之间的关系可能仅止于此，只是找乐子，没必要涉入更多，那么，请做个上道的女人，不要再打扰他了。

男人有时会犯个毛病，就是往往不知道怎么拒绝女人。不管是基于何种前提展开的关系，总之他如果不想再见你，或想暂停一下，他可能说谎、可能闪避、可能沉默，但就是不会挑明了跟你说："我们到此为止。"理由通常是因为怕伤害你，然而男人始终搞不懂，不直截了当地讲清楚，才是真正的伤害。

既然人家都不想伤害我们了，聪明的你当然也不必自找罪受。你可以安安静静面带微笑地离去，留住尊严，掌握关系远近的主权，因为不打扰是你的温柔，而这样的温柔对男人来讲不但上道，而且窝心。

在情理上如果他还算有点良心，他会懂得感谢你，并对你怀抱情分，这样的结局总比撕破脸好。因此，与其让一个男人想到你就感觉头痛，倒不如让他想起你时，会露出迷惘而惭愧地微笑，这样的你才称得上是真正的赢家。

需要什么，要勇敢地说出口

爱情关系所带给人们的感受是如此丰富、如此受到赞美，这不得不使我们认为爱情是包治"生活百病"的良药。有了爱情，我们似乎就得到这样一种保障：我们的生活从此就变得美丽、完整、丰富、充实；我们相信：原来遭受的创伤以及不稳定的生活从此会烟消云散。我们都有性格脆弱的一面，而且在不同程度上，我们都在医治着过去所遭受的心灵的创伤。我们承认爱是相互联系、相互关心、相互奉献的一种精神形式；但是它不是解除内心情感病症的灵丹妙药。

爱情是人生中最伟大、最珍贵的经历。但爱情本身并不是生活。在爱情中，我们常常把自己与爱人融为一体，这种感觉是美妙的，但是不现实的。不管爱情关系是多么的紧密，爱情的双方一方面是相互的伴侣，另一方面又是独立的个体。

由于社会和传统观念的影响，自我价值是每个人都要追求的目标。自我价值本身有其有价值的一面，也有危险的一面。例如，按照传统观念的说法：金钱和事业是体现男人的自我价值的尺度，而与腰缠万贯、事业通达的男人结婚则是女人体现自我价值的标志。

金钱、事业、婚姻都是生活中必不可少的组成部分，但它们并不能医治我们旧时的创伤及痛苦。重要的是医治自身的创伤需要的是你自己的努力！你的伴侣会给你支持，会对你医治孤独的心灵起一定的作用，但你不能指望你的伴侣会给你抹去过去的痛苦经历。

如果你认为爱情能医治你心灵上的创伤，而把这一过分的希望强加在你伴侣的身上时，你得到的只能是不断的失望以及你的伴侣对你的反感。这些不切实际的希望所产生的效果总是适得其反的，它们不会使我们得到身心上的放松。

此外，婚姻关系使我们对自己持有自我欣赏的良好心态，但是，这种良好的感觉必须建立在正确的自我价值之上。否则，这种感觉不能化成内心的力量，而只能依靠表面现象维系和伴侣良好的关系。一旦伴侣离我们而去，我们就会感到异常孤独，束手无策，这会损害我们健康的自我形象。

我们应该有足够的勇气和力量，用积极的目光看待我们的自我价值。我们必须学会首先爱自己，然后去爱别人。否则，我们连自我价值都感觉不到，爱情又从何谈起呢？

此外，许多女性对爱情会产生这样一种错觉：我们的伴侣会用一种我们从不知晓的方式了解我们，会对我们内心最深处的梦幻和思想了如指掌。正是这种错觉造成了我们许多浪漫的要求。我们不但渴望爱情，还渴望永远不再孤独的生活。

　　恋爱中的男女常常谈到他们对对方的情感达到了"心领神会"的地步。这实际上是指双方的相互认识达到了一定的高度，彼此已经成为"灵魂上的情人"。这就是为什么我们总以为我们的爱人了解我们，理解我们，能够预测我们的内心感觉和思想的缘故。所以，当我们的爱人在现实中不能做到这一点时，我们就感到悲伤和失望，甚至感到对方背叛了自己。

　　虽然我们希望如此，但是我们的爱人对我们的思想是无法了解的。不能期望我们的爱人每时每刻都了解我们内心的要求、渴望以及遭受的心灵的创伤。总的来说，我们应该对爱人对我们的了解程度负责。那些希望被别人了解，但是又不主动行动的人往往感到他们成了爱情的牺牲品。

　　有些人认为：如果我们主动告诉爱人他们需要什么的话，那么爱情的完美及浪漫的气氛就会遭到破坏。持有这种观点的人总以为，爱情的特殊性就在于双方对对方要求的敏感和直觉。

　　但事实却恰恰相反，当你直截了当地告诉对方你的需要，而对方也满足了你的要求，这才是他爱你的真正体现。希望爱人对你的内心活动了如指掌是完全不切实际的。在现实生活中，愿意倾听你的要求和心声，并给予爱抚地回报的爱人已经是相当可贵了。

　　真正相互了解的男女，应该用直率地表达自己的心理活动和渴望的方法来获得自己所追求的爱情，而不是消极地等待对方用神秘的直觉来察觉自己的内心活动。缺少真正的、直率的感情交流的男女关系，只能产生误解、麻木及心灵上的伤害。

尊重爱情，做一个出色恋人

　　女人不能不谈恋爱，恋爱中的女人最幸福。爱情是一种妙不可测的东西，没有什么规律可以遵循。在我们的生活中，获得爱情的办法很多，但维护爱情必须使用智慧。

　　在20世纪下半叶，爱情已经变得世俗平凡，它不必生生死死，将恋爱与生死分开，爱情从此走下神坛。

　　泛滥了大街的通俗歌曲，把情圣变成口唱情歌的街头小子。那么，未来的爱情是进一步世俗化，还是变得更为典雅？爱情的世俗化，对于以往把"过日子""生孩子"放在第一位的中国青年女性来说，祖辈、父辈中很多人一生没有体会到爱和被爱是什么滋味的话，在此新世纪，爱情已经成为人人都有的一种追求。

　　对于21世纪来说，爱情的意义会大于婚姻。爷爷奶奶、爸爸妈妈们是结婚的比恋爱的多，到这个世纪，恋爱的一定比结婚的多。爱情的大众化之后将是典雅化，这就像普及和提高的关系一样，符合辩证法。

　　在市场法则不断修正人们的生活态度的时候，人们的爱情是会变得更加功利，还是更加浪漫呢？21世纪的女性，宣布爱情的最高价值不再追求"永恒"的"生死之恋"，而"瞬间灿烂"之后，爱情是变得更加缠绵，还是来去匆匆更为短暂？

　　我们相信，尽管一次爱情不再与生命等价，但人类追求情感丰富的趋向，决定了未来的爱情不是"缩水"，而是更为符合爱情的自然规律。每一次爱情潮汐都有潮起和潮落，每一次具体的爱情都有生有息，但因为每一个年龄段都有了感情燃烧的可能，一个人一生中有了多次坠入情网的机会，爱情在某种意义上才成为真正意义上的永恒。

我们只要看一看现在的孩子：他们在这半个世纪以来已经从家庭的"耐用消费品"变为"奢侈品"，他们从小就学会以获得父母关爱的多少来评价自己的生命价值。那么，成年后的他们，怎么不会强烈地趋向获取情感呢？

18世纪的骑士把浪漫引进爱情，但直到这个世纪即将过去，浪漫还专属少男少女。无论是罗密欧、朱丽叶还是梁山伯与祝英台，还有经后人编排在坦泰尼克号上演绎一段旷世恋情的杰克和罗丝，都非常年轻。

在20世纪下半叶，校园文化创造了"约会"这样一个两性亲密交往的形式，世纪之尾，网上爱情也被炒得沸沸扬扬，本21网上谈情说爱会成为主流形式吗？人类进化使背腹相向的猿类示爱方式，变为面对面地凝视。从此，暗送秋波、眉目传情、巧笑顾盼……无穷无尽的表情组合，使人类"风情万种"，而网上本是一个虚拟的世界。

即使可以感受全部语言的魅力，也无法感受到爱侣指尖的温热、彼此呼吸的潮润和眉目间传递的微妙感受，网上也是一个匿名的世界，不知对方真实的身份，甚至不知是男是女，这些局限决定了网上爱情只不过是一种辅助形式，但毕竟已为人类"网开一面"，网络让爱侣们可以不受地理空间限制，让选择空间成倍增长，瞬间就可"咫尺天涯"，大海明月共此时，"多媒体"帮助爱情获得神奇的力量。

在未来的世纪，人类只要以更科学的态度对待性，社会以更平和的心态认识人在这一领域的快乐权利，两性更平等地协调他们之间的关系，人们将朝向更自然、更美好、更符合人性的方向发展。

还是童年的时候，我就听过这样的故事：

一个男孩带着剑去行走江湖，途经乡间，救下一个被野兽围困的女孩，并得到她的爱情。

不久，男孩从远方回来，听到爱人哭泣求救，一只野兽正袭击她的家，于是他勇猛地拔剑准备刺杀野兽，此时，女孩哭着喊："别用剑，用石头比较好……"

他犹豫着，还是按她的指示用石头打死了野兽。她高兴地扑进他的怀里，但男孩觉得没有立下功劳，因为没有用自己的剑，他默默地收拾行囊，又去远行了。

又过了些日子，男孩回来时看到一只更大的野兽又在围困女孩的家，他马上拔出剑往家冲，心里却想也许应该用石头。正在犹豫不决时，野兽向他扑来，弄伤了他的手臂，男孩被逼墙角，犹豫地望着窗口的女孩，女孩大喊："用木棍打它……"

于是他拾起木棒与野兽搏斗。野兽死了，男孩却羞愧地拒绝了爱人的拥抱，默默离开了那个地方。他一路走着，带着无以言表的沮丧，当他听到远处的呼救声时，男子汉的责任让他又拔出了剑。

但就在这时，他犹豫起来，因为不知该用剑、石头、还是木棒？如果女孩在，她会如何建议呢？但那困惑只是瞬间，急促的呼救声让他又重新建立起信心，找到原本的自己，拔剑扑入野兽群中，杀死了它们。

之后，男孩再也没有回到那个女孩身边。

　　这个故事的真正含义就是充分的信任与"放手"，每个男人心中都是那个勇敢的少年，他们虽然感激女人的关怀和建议，但他们更需要自信地面对生活。

　　如果女人自以为知道你所爱的人该如何，因而设法改变他，不管你原动机多么善良，都会剥夺爱人对自己生活选择和生存方式负责的权利。也许这份举动，慢慢会让男人因丧失自信心转而怀疑自己在你心目中的位置，直至最终悄悄离去。

　　其实，做一个合格、成功的恋人或爱人并不简单，重要的是应随时让爱人知道，你爱他，珍惜他，尊重他，让自己与他并肩而行，走在快乐与痛苦中，分担欢喜或眼泪。在他走过孤独和难过之后给他温柔关怀，但不要剥夺他置身静地，独立思考的权利。尽力表明你的意思并努力理解他的感受，但绝不能为达到所谓的默契而埋葬自己的个性。

彼此相爱，是最美的姻缘

　　如果你要结婚，就请选择那个真心爱你的男子吧。结婚是一件庄严的事情，是你一生的真正开始，从此以后，你才真正从一个女孩变成了一个女人。面对这庄严的一刻，浪漫要完全服从于现实。当然，最理想的结果应该是这样的：和你并肩走入礼堂的，是一位你爱而且是爱你的王子。

　　曾听说过这样一个故事，故事的标题叫作"五百棵树的爱情"。

　　她在嫁给他之前是一个苦命的女人。婆家的人叫她丧门
星，说是她克死了丈夫。其实是她丈夫喝多了酒和人赌博打
架被打死了。

　　从结婚那天起她就没过过一天好日子，前夫喝醉了酒就
要打她，她生了女儿婆婆要骂她。在贫困的山区她是没有任
何地位的。她也一直认为这就是她的命，她在又嫁之前不知
道男女之间居然还有一种叫爱情的东西。

　　这时候媒人来了。媒人只说他是个过日子的男人，就因
为当年家庭原因被耽搁了，一直没找上媳妇，改革开放后靠
手艺吃饭。女人因为想急切地逃离那个家庭，所以没问是什
么手艺就过来了。过来才发现，他黑、丑、一口的黄牙，而
且他的手艺是在外面风吹雨淋地修鞋。

　　她比他小20岁，30岁的她如花一般，虽说要开败了，可还
美丽着。她有一种上当的感觉，但是回去，已经没有退路了。
然而，就是这样一个男人，让她深切体会到了什么是爱情。

　　结婚之后男人很宠她。隔三岔五给她买些小玩意来，一
盒粉饼，一支口红，几串荔枝……长到30岁，她从来没有使
过这些东西，更不用说吃荔枝。她觉得自己比帝王的妃子还
要幸福。吃荔枝的时候男人却不吃，只是傻傻地看着她吃。
她让他："你也吃。"

　　他说："我不爱吃那东西，看你吃我就高兴。"后来她
上街，一问吓了一跳，荔枝竟然20元一斤。她一下子就泪湿
了，他怎么可能不爱吃荔枝？他是舍不得吃呀。

　　她更加疼他，晚上回来做好热乎乎的晚饭等他。冬天

的时候男人在街上冻一天都冻透了，女人就把男人的脚放到自己怀中暖着，直到男人的身体不再僵硬为止。男人很知足地说是上辈子修来的福才会娶上她，自己为什么到50还没结婚？等她呢。女人听了心花怒放。

男人活儿越来越多，他都忙活不过来。女人在家清闲，看男人那么累她心疼，她说："给我买台机器吧，我和你一块修鞋去"。男人不许，说能挣下钱养她，可女人认了真偏要去。

于是街上总能看见一对老夫少妻在修鞋。两个人紧挨着，有修鞋的两个人就修，没有就有说有笑地聊天。

冬天的时候刮大风，街上人越来越少。女人的手都冻裂了，耳朵也冻得青一块紫一块的，这时男人买来一块烤红薯，红薯散发着诱人的香味，男人剥开，用嘴吹着，却没吃，他把红薯送到女人嘴边。女人幸福地吃了一口，又吹了吹，让男人吃。他们你一口我一口地吃着，好像享受一顿美食，好像吃着爱情的盛餐。

有一天，男人对女人说："总有一天我要走在你前面。"女人就哭了，说："那我和你一起去。"

男人说："那我会生气的。"

男人又说："咱们现在的钱还不多，我们再挣几年，给你养老应该没有问题。还有，我给你在一块地里种了五百棵树。等有一天我去了你也不能动了，那五百棵树也长大了，我相信那五百棵树就能养活你了！"

女人扑到男人怀里就哭了。五百棵树，那只是五百棵树吗？这一辈子没有人这么替她想过，男人甚至给她想到了养老，她觉得这辈子真是值了。

两年后，他们有了个儿子，儿子的名字叫幸福。

有爱的婚姻才能结出一种叫作"幸福"的果实。在你走进婚姻殿堂之前，请想清楚，你的婚姻目的是不是幸福，如果是，你就不要把婚姻当作权利与金钱的工具。"每一个幸福的女人身边，都有一个真正的男人。"只有一个真正爱你的男人，才会宠你疼你，才会给你带来幸福。

请不要轻易答应成功男人的求婚。他们无疑是杰出的，但是真正成功的男人只有两种。一种是天才，另一种是工作狂。但无论是哪一种，他们都已经有了一种傲性。

他也许真的爱你，也许他爱你超过了其他任何一个女人，但是他的爱可能比起别人给你爱要少一些。如果你不是太在乎安逸的生活，那么面对汽车洋房的诱惑时，就要勇敢地说"不"！因为财产可以得而复失，失而复得，但是婚姻不行。也尽量不要用诡计把男人骗上婚姻这条渡船，除非你真的有能力把握他的一生。否则不管他再怎么英俊潇洒，才貌出众，也要让他自愿向你求婚。

男人的力量总是女人所无法比拟的，也许一时之间他会被你算计，但是当他反噬的时候，你会觉得生不如死。

现实当中，很多女人都是用美色迷惑男人的，但是这样做的结果往往是害人又害己。也就是说，如果你真的想要结婚了，那么，就请你挽住一个真正爱你之人的手臂吧！